中国通信学会普及与教育工作委员会推荐教材

高职高专电子信息类"十三五"规划教材

通信网概论

檀生霞 主编

施钱宝 石炯 杨海宁 潘基翔 副主编

U0212633

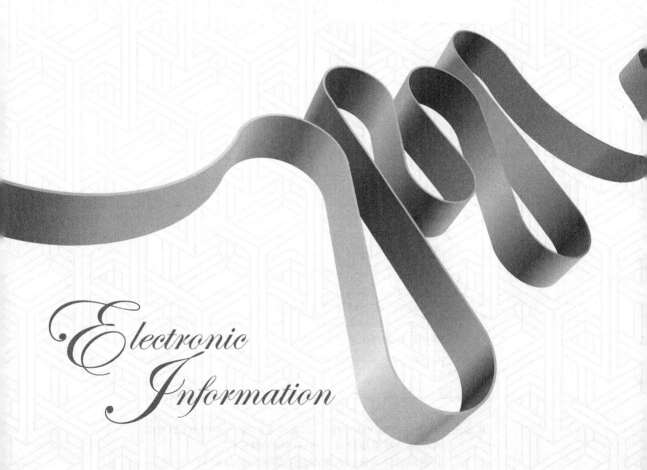

人民邮电出版社

北京

图书在版编目（CIP）数据

通信网概论 / 檀生霞主编. -- 北京：人民邮电出
版社，2020.9
高职高专电子信息类"十三五"规划教材
ISBN 978-7-115-54393-6

Ⅰ. ①通… Ⅱ. ①檀… Ⅲ. ①通信网－高等职业教育
－教材 Ⅳ. ①TN915

中国版本图书馆CIP数据核字(2020)第117926号

内 容 提 要

本书系统地介绍了通信网的理论和主要技术。全书共 7 章，深入浅出地阐述了通信概论、通信网基础技术、传输网、宽带接入网、移动通信、数据通信网和下一代网络等内容。为了让读者能够及时检验学习效果，把握学习进度，本书在每章的最后都附有习题。

本书图文并茂，语言简洁，内容较新，实用性强，既可作为高职高专通信类专业教材，也可作为通信企业的职工培训教材，还可供企业技术人员参考阅读。

◆ 主　　　编　檀生霞

　　副 主 编　施钱宝　石　炯　杨海宁　潘基翔

　　责任编辑　郭　雯

　　责任印制　王　郁　马振武

◆ 人民邮电出版社出版发行　　北京市丰台区成寿寺路 11 号

　　邮编 100164　电子邮件 315@ptpress.com.cn

　　网址 https://www.ptpress.com.cn

　　固安县铭成印刷有限公司印刷

◆ 开本：787×1092　1/16

　　印张：9.5　　　　　　　2020 年 9 月第 1 版

　　字数：235 千字　　　　2024 年 8 月河北第 6 次印刷

定价：39.80 元

读者服务热线：(010)81055256　印装质量热线：(010)81055316
反盗版热线：(010)81055315
广告经营许可证：京东市监广登字 20170147 号

前 言 FOREWORD

　　高等职业教育的目标是培养具备某一特定职业或职业群所需综合职业能力的，为生产和管理第一线服务的应用型、技术型人才。培养的人才应当具有相应的基础知识、理论和技能，掌握相应的新知识、新技术和新工艺，具备较强的动手实践能力和分析、解决生产实际问题的能力。"通信网概论"对于通信类专业的学生而言，是一门重要的专业基础课，是后续学习通信课程的基石。学生通过对"通信网概论"的学习，可以了解通信专业的专业课内容。本书全面地介绍了通信网的基本结构、基本技术和现代通信网的发展趋势，使读者能够建立一个较为清晰的通信网知识框架。

　　本书特点如下。

　　（1）本书选用使用广泛、具有代表性的网络系统，从基本概念和原理入手，分析了每一种网络的体系结构。

　　（2）合理、有效的组织。本书按照由浅入深的顺序，在逐渐丰富网络结构的同时，引入了相关技术与知识。

　　（3）内容紧跟技术、行业的发展。本书内容以国家和行业技术标准、技术规范为依据，融合了全国通信专业技术人员职业水平考试等内容。

　　（4）语言精练，通俗易懂，图文并茂，降低了阅读难度。

　　本书第 1 章由潘基翔编写，第 2 章由杨海宁编写，第 3 章、第 4 章由檀生霞编写，第 5 章由石炯编写，第 6 章、第 7 章由施钱宝编写。全书由檀生霞任主编，由施钱宝、石炯、杨海宁、潘基翔任副主编。全书参考学时为 36～46 学时。

　　在编写本书的过程中，编者得到了安徽邮电职业技术学院领导和老师的大力支持，在此表示衷心的感谢。

　　由于编者水平和经验有限，书中难免存在疏漏和不足之处，恳请广大读者批评指正。

编　者

2020 年 6 月

目　录 CONTENTS

01

第 1 章　通信概论

按照传统的理解，通信就是信息的传输。当今社会高度信息化，信息和通信已成为现代社会的"命脉"。信息作为一种资源，只有通过广泛地传播与交流，才能产生价值，促进社会成员之间的合作，推动社会生产力的发展，创造出巨大的经济效益。而通信作为传输信息的手段或方式，与传感技术、计算机技术相互融合，已成为世界经济发展的强大推动力。可以预见，未来的通信将会对人们的生活方式和社会发展产生更加重大和深远的影响。

本章主要介绍通信的基本概念、通信系统的组成、通信系统的分类与通信方式、通信系统的性能指标、信道定义和分类、信道特性、信道容量、调制、信源编码、信道编码、信道噪声、通信网的发展、通信网的构成要素、通信网的分类、通信网的拓扑结构等。

学习目标

◆　掌握通信及通信系统的概念。

◆　了解信道、调制与编码。

◆　掌握通信网的构成要素、分类和结构。

1.1 通信系统概述

通信系统是用以完成信息传输过程的技术系统的总称，此系统涉及信息传递所需要的技术设备和传输介质。本节介绍通信的基本概念、通信系统的组成、通信系统的分类与通信方式、通信系统的性能指标。

1.1.1 通信的基本概念

通信指发送者（人或机器）和接收者之间通过某种媒体进行的信息传递。古代通信一般是借助简单的工具传递信息，如利用烽火台传递军情或者击鼓传令。1837 年，塞缪尔·芬利·布里斯·莫尔斯发明的有线电报开创了利用电传递信息（即电信）的新时代。现代社会传递信息的方式和手段呈现多样化，出现了电话、广播、电视、遥控、遥测、Internet、计算机通信等多种多样的信息交流手段。如今，在自然科学领域提及"通信"这一术语时，一般是指"电通信"，广义来讲，光通信也属于电通信，因为光也是一种电磁波。

1. 信息、消息和信号

在通信技术中有几个容易混淆的概念，即信息（Information）、消息（Message）和信号（Signal）。

（1）信息

20 世纪 40 年代，信息论的奠基人香农（Shannon）认为"信息是用来消除随机不确定性的东西"；控制论的创始人维纳（Norbert Wiener）认为"信息是人们在适应外部世界，并使这种适应反作用于外部世界的过程中，同外部世界进行互相交换的内容和名称"。这两种说法作为"信息"的经典定义经常被人们引用。

信息是一个严谨的科学术语，由于其具有极端复杂性，目前没有统一的定义。

（2）消息

在通信技术中，一般将语言、文字、图像或数据等统称为消息。消息是客观物质运动或进行主观思维活动，以及事件发生状态的一种反映，它通过语言、文字、图像和数据等不同形式进行具体描述。消息可分为离散消息和连续消息。连续消息是指消息的状态连续变化或不可数，如语音、温度数据等。离散消息则是指消息具有可数的、有限的状态，如符号、文字、数字数据等。

信息与消息的关系可以这样理解：消息是信息的物理表现形式，而信息是消息的内涵。

（3）信号

信号是运载消息的工具，是消息的载体。在通信技术中，语言、文字、图像、数据等"消息"都不能进行直接传送，必须以一定的形式进行传输和处理，这就是信号。

在现代通信系统中，最常见的信号形式就是电信号。它以电流、电压的变化来表示所要传递的消息，并方便电子元件对其进行各种形式的处理。

2. 模拟信号和数字信号

信号的分类方法很多，其中，根据取值特征可以将信号分为模拟信号和数字信号。

（1）模拟信号

模拟信号是指波形随着信息的变化而变化的信号，其主要特征是幅度是连续的，可取无限多个值，如图1-1（a）所示。模拟信号在取值上是连续的，但是在时间上可以是分散的，如图1-1（b）所示。

（2）数字信号

数字信号是指不仅在时间上是离散的，在幅度上也是离散的，只能取有限个数值的信号。图1-1（c）中展示的是一种常见的数字信号，它只有4种状态取值。图1-1（d）则是另外一种数字信号，虽然从形式上看，它是连续的波形，但是只有两种可能的状态，因此也属于数字信号。

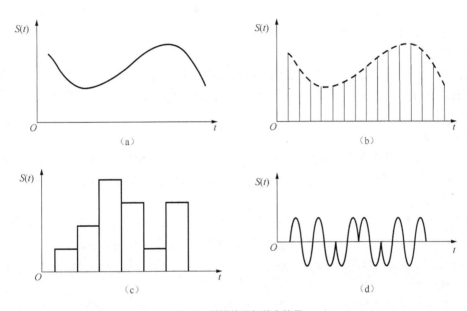

图1-1 模拟信号与数字信号

1.1.2 通信系统的组成

通信的目的是传输信息。将信息从信源发送到一个或多个目的地所需的一切技术设备和传输介质的总和称为通信系统。通信系统的组成可以用通信系统模型来概括。

1. 通信系统的一般模型

对于通信来说，首先要把消息转换成电信号，然后经过发送设备将信号送入信道，在接收端利用接收设备对接收的信号进行相应的处理后，送给信宿再转换为原来的消息。这一过程可用图1-2所示的通信系统一般模型来表示。

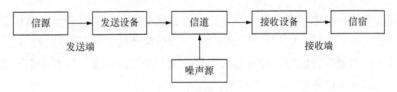

图1-2 通信系统一般模型

（1）信源

信源的作用是把待传输的消息转换成原始电信号。根据消息的不同种类，信源分为模拟信源和数字信源。模拟信源输出连续的模拟信号，如话筒（声音转换成音频信号）、摄像机（图像转换成视频信号）；数字信源则输出离散的数字信号，如电传机（键盘字符转换成数字信号）、计算机等各种数字终端。信源输出的信号称为基带信号，其特点是信号的频谱从零频附近开始，具有低通形式，如语音信号的频率为 300～3400Hz，图像信号的频率为 0～6MHz。

（2）发送设备

发送设备的作用是将信源产生的原始电信号转换成适合在信道中传输的信号，即将发送信号的特性和信道特性相匹配，使其具有抗信道干扰的能力，并且具有足够的功率以满足远距离传输的需要。因此，发送设备涵盖的内容很多，包含变换、放大、滤波、编码、调制等过程。多路传输系统发送设备中还包括多路复用器。

（3）信道

信道是一种物理介质，是从发送输出端到接收输入端之间传输信息的通道，一般可以分为无线和有线两种形式。在无线信道中，信道是自由空间；在有线信道中，信道可以是明线、电缆和光纤。

（4）噪声源

图 1-2 中的噪声源是信道中的噪声及分散在通信系统其他各处的噪声的集中表示。噪声通常是随机的、形式多样的，它影响了正常信号的传输，造成了接收信号时的误码和失真。

（5）接收设备

接收设备的作用是对接收到的信号进行放大和反变换（如译码、解调等），其目的是从受到损耗和噪声影响的接收信号中正确恢复出原始电信号。对于多路复用信号，接收设备还提供了解除多路复用、实现信号正确分路的功能。

（6）信宿

信宿是传输消息的目的地，其功能与信源相反，即把原始电信号还原成消息，如扬声器（音频信号转换成声音）、显示屏（视频信号转换成图像）或者打印机（数字信号转换成键盘字符）等。

2. 模拟通信系统

信道中传输模拟信号的系统称为模拟通信系统，其模型如图 1-3 所示。

图 1-3　模拟通信系统模型

这里将通信系统一般模型中的发送设备和接收设备分别以调制器和解调器代替。因为模拟信源将连续消息转换成的原始电信号是基带信号，具有频率较低的频谱分量，只有某些特殊的有线信道可以直接传输这种信号，而其他大多数信道，如长途电缆、以自由空间作为信道的无线电，均无法直接传输这种信号。

因此，模拟通信系统中常常需要把基带信号转换成频带适合在信道中传输的信号（由调制器完成），并在接收端进行反变换（由解调器完成）。经过调制的信号称为"已调信号"，它有两个基本特征：一是携带要传输的信息；二是适合在信道中传输。由于已调信号的频谱通常具有带通形式，因此已调信号又称为带通信号，也称为频带信号、射频信号。

3. 数字通信系统

信道中传输数字信号的系统称为数字通信系统，其模型如图 1-4 所示。数字通信涉及的技术问题很多，其中主要有信源编码与译码、信道编码与译码、数字调制与解调、加密与解密等。

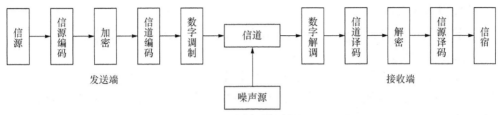

图 1-4　数字通信系统模型

（1）信源编码与译码

信源编码有两个基本功能：一个功能是提高信道传输的有效性，另一个功能是完成模/数（Analog to Digital）转换。

提高信道传输的有效性是指通过某种数据压缩技术设法减少包含信息的码元数量和降低码元速率。其中，码元是通信系统中承载信息量的基本信号单位，通常是一种时间间隔固定的符号。码元速率是指单位时间内传输码元的数量。

模/数转换是指当信源产生的信号是模拟信号时，信源编码器能够将其转换为数字信号，以实现模拟信号的数字化传输。

信源译码是信源编码的逆过程。

（2）信道编码与译码

信道编码的目的是增强数字信号的抗干扰能力。数字信号在信道传输时受到噪声等影响后将会引起差错。为了减少差错，信道编码器对传输的信息码元按一定的规则加入保护成分（监督码元），组成所谓的"抗干扰编码"。接收端的信道译码器按相应的逆规则进行解码，从中发现错误并纠正错误，提高通信系统的可靠性。

（3）加密与解密

在需要实现保密通信的场合，为了保证所传信息的安全，人为地将被传输的数字序列扰乱，即加上密码，这种处理过程叫作加密。在接收端利用与发送端相同的密码副本对收到的数字序列进行解密，恢复为原来的信息，这种处理过程叫作解密。

（4）数字调制与解调

数字调制指把数字基带信号的频谱搬移到高频处，形成适合在信道中传输的带通信号。数字解调指在接收端采用相干解调或非相干解调方法还原数字基带信号。

（5）同步

数字通信传输是按照一定节拍一个接一个地传输数字信号的，因此接收端必须有一个与发送端相同的节拍用于接收信息，否则会因收发节奏不同而造成混乱。同步过程就是收发两端的信号在时间上使用相同的节拍，保持步调一致，用于保证数字信号的有序、准确、可靠传输。

目前，无论是模拟通信还是数字通信，在不同的通信业务中都得到了广泛的应用。但是，与模拟通信相比，数字通信具有抗干扰能力强、差错可控、易加密等优点，其发展速度已明显超过模拟通信，成为当代通信技术的主流。模拟信号经过数字编码后可以在数字通信系统中传输，数字电话系统就是以数字方式传输模拟语音信号的例子。当然，数字信号也可以通过传统的电话网来传输，但需使用调制解调器。

1.1.3 通信系统的分类与通信方式

1. 通信系统的分类

通信系统可以按照不同的分类方法进行分类，下面介绍几种常用的分类方法。

（1）按传输介质分类

按传输介质，通信系统可分为有线通信系统和无线通信系统两大类。

有线通信系统是用导线（如架空明线、同轴电缆、光导纤维、波导等）作为传输介质完成通信的系统，如市内电话、有线电视、海底电缆通信等。

无线通信系统是依靠电磁波在自由空间传播达到传递信息目的的系统，如短波电离层传播、微波视距传播、卫星中继通信等。

（2）按信号特征分类

按照信道中所传输的信号是模拟的还是数字的，通信系统可分成模拟通信系统和数字通信系统。

（3）按工作波段分类

按通信设备的工作频率或波长，通信系统可分为长波通信系统、中波通信系统、短波通信系统、远红外线通信系统等。表 1-1 所示为通信频段划分及主要用途。

表 1-1 　　　　　　　　　　　　　　通信频段划分及主要用途

频段（含上限，不含下限）/Hz	频段名称	波段名称		主要用途
3～30	极低频（ELF）	极长波		远程导航、水下通信
30～300	超低频（SLF）	超长波		水下通信
300～3000	特低频（ULF）	特长波		远程通信
3k～30k	甚低频（VLF）	甚长波		音频电话、长距离导航、时标
30k～300k	低频（LF）	长波		船舶通信、信标、导航
300k～3000k	中频（MF）	中波		广播、船舶通信、飞行通信
3M～30M	高频（HF）	短波		短波广播
30M～300M	甚高频（VHF）	米波		电视、调频广播、雷达、导航
300M～3000M	特高频（UHF）	分米波		电视、雷达、移动通信
3G～30G	超高频（SHF）	厘米波	微波	雷达、中继、卫星通信
30G～300G	极高频（EHF）	毫米波		射电天文、卫星通信、雷达
300G～3000G	至高频	丝米波		—
43T～430T	红外	微米波		光通信系统

注：1kHz=10^3Hz，1MHz=10^6Hz，1GHz=10^9Hz，1THz=10^{12}Hz

（4）按信号调制方式分类

根据信道中传输的信号是否经过调制，可将通信系统分为基带传输系统和带通（频带或调制）传输系统。基带传输指将未经调制的信号直接传输，如市内电话、有线广播；带通传输指对各种信号调制后送到信道中传输。

（5）按信号复用方式分类

将多路信号合并为一路进行传输称为信号的复用，常见的信号复用方式有 3 种，即频分复用（Frequency Division Multiplexing，FDM）、时分复用（Time Division Multiplexing，TDM）和码分复用（Code Division Multiplexing，CDM）。

FDM 利用频谱搬移的方法使不同信号占据不同的频率范围，TDM 利用脉冲调制的方法使不同信号占据不同的时间区间，CDM 利用正交的脉冲序列分别携带不同信号。传统的模拟通信中都采用了 FDM 通信系统；随着数字通信的发展，TDM 通信系统的应用愈来愈广泛；CDM 通信系统多用于空间通信的扩频通信和移动通信系统。

2. 通信方式

通信方式是指通信双方之间的工作方式或信号传输方式。

（1）按消息传递的方向与时间分类

对于点与点之间的通信，按消息传递的方向与时间关系，通信方式可分为单工通信、半双工通信及全双工通信。

① 单工通信是指消息只能单方向传输的工作方式，如图 1-5（a）所示。在这种方式中，通信的双方只有一个可以进行发送，另一个只能进行接收，如广播、遥测、遥控等。

② 半双工通信是指通信的双方都能够收发消息，但不能同时进行收、发消息的工作方式，如图 1-5（b）所示。例如，使用同一载频的普通对讲机就采用了半双工通信方式。

③ 全双工通信是指通信双方可同时进行收发消息的工作方式。一般情况下，全双工通信的信道必须是双向信道，如图 1-5（c）所示。电话通信是全双工通信的一个常见例子，通话的双方可同时进行说和听。

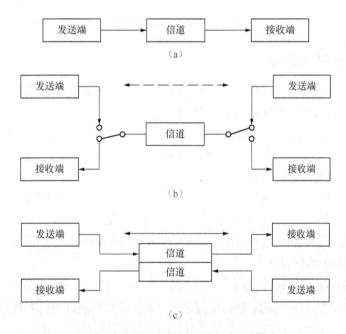

图 1-5　单工通信、半双工通信和全双工通信

（2）按数字信号排序分类

在数据通信（主要是计算机或其他数字终端设备之间的通信）中，按数据代码排列的方式，通信方式可分为并行传输和串行传输。

① 并行传输，是将代表信息的数字信号码元序列以成组的方式在两条或两条以上的并行信道上同时传输。例如，计算机送出的由"0""1"组成的二进制代码序列，以每组多个代码的方

式在多条并行信道上同时传输。这种方式下，一个分组中的多个码元能够在一个时钟节拍内从一个设备传输到另一个设备，如图1-6（a）所示。

并行传输的优点是节省传输时间、速度快。此外，并行传输不需要另外的措施就能实现收发双方的字符同步。并行传输的缺点是需要 n 条通信线路、成本高，一般只用于设备之间的近距离通信，如计算机和打印机之间的数据传输。

② 串行传输，是将数字信号码元序列以串行方式一个码元接一个码元地在一条信道上传输，如图1-6（b）所示。远距离数字传输常采用这种方式。

串行传输的优点是只需一条通信信道，所需线路铺设费用相对并行传输较少。串行传输的缺点是速度慢，需要外加同步措施以解决收发双方码组或字符的同步问题。

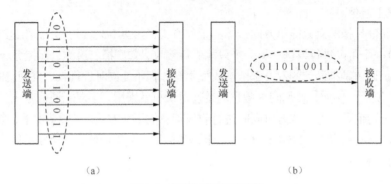

（a）   （b）

图1-6 并行传输和串行传输

1.1.4 通信系统的性能指标

在设计和评价系统时，需要建立一套能反映系统各方面性能的指标体系。性能指标也称质量指标，它是基于整体系统性能的综合考虑而提出的。

通信系统的性能指标包括可靠性、有效性、适应性、经济性、保密性、标准性、可维护性等。尽管不同的通信业务对系统性能的要求不尽相同，但从研究信息传输的角度来说，通信的有效性和可靠性是主要的矛盾所在。

有效性是指信息传输的"速度"问题；而可靠性是指接收信息的准确程度，也就是传输的"质量"问题。这两个问题相互矛盾而又相对统一，还可以进行互换。由于模拟通信系统和数字通信系统之间存在区别，两者对有效性和可靠性的要求及度量的方法不尽相同。

1. 有效性指标的具体表述

（1）模拟通信系统的有效性指标

模拟通信系统的有效性可用有效传输频带来度量，同样的消息使用不同的调制方式，就需要不同的频带宽度。例如，语音信号的单边带调幅占用的带宽仅为4kHz，而语音信号的宽带调频占用的带宽则为48kHz（调频指数为5），显然，调幅信号的有效性比调频信号好。

（2）数字通信系统的有效性指标

数字通信系统的有效性指标可以用传输速率和频带利用率来衡量。通常从两个不同的角度来定义传输速率。

码元传输速率：简称码元速率，又称传码率，用符号 R_B 表示，它被定义为单位时间内传输码元的数目。单位为波特（Baud），简记为 B。

信息传输速率：简称信息速率，又称传信率或比特率，用符号 R_b 表示，它被定义为单位时间内传输的平均信息量或比特数，单位为比特每秒（bit/s）。

（3）频带利用率

在比较不同通信系统的有效性时，不能只看它们的传输速率，还应该考虑所占用的频带宽度，因为两个传输速率相等的系统传输效率不一定相同。此时，需要考虑频带利用率这一参数，它定义为单位带宽（每赫兹）内的传输速率。单位频率的传输速率越快，系统有效性就越高。

2. 可靠性指标

（1）模拟通信系统的可靠性指标

模拟通信系统的可靠性通常用接收端解调器的输出信噪比来度量。输出信噪比越高，通信质量就越好。采用不同的调制方式在相同的信道信噪比下所得到的解调后的输出信噪比是不同的。例如，调频信号的抗干扰能力比调幅好，但调频信号所需的传输带宽却大于调幅信号。

（2）数字通信系统的可靠性指标

数字通信系统的可靠性可用信号在传输过程中出现错误的概率来衡量，即用差错率来衡量。差错率常用误码率和误信率来表示。

误码率：是指错误接收的码元数在传输总码元数中所占的比例，更确切地说，误码率是码元在传输系统中被传错的概率。

误信率：又称误比特率，是指错误接收的比特数在传输总比特数中所占的比例。

1.2　信道及其特性

信息是抽象的，但传输信息必须通过具体的介质，这种以具体的传输介质为基础的信号通道就称为信道。信道根据不同的分类方式可以分为不同的类型。本节主要介绍信道的定义和分类及信道的特性。

1.2.1　信道的定义和分类

1. 信道的定义

信道是指以传输介质为基础的信号通道。在通信系统模型中已经提到过信道，它是连接发送端和接收端的物理介质，其功能是将信号从发送端传输到接收端。没有信道，通信就无法进行。

2. 信道的分类

信道有多种分类方法。例如，按信道的组成，可将信道分为狭义信道和广义信道；按信道特性参数随时间变化的速度，可将信道分为恒参信道和随参信道。下面对信道类型进行简要介绍。

（1）狭义信道

狭义信道通常按不同介质分为有线信道和无线信道。

① 有线信道，利用人造的能够传导电或光信号的介质来传输信号，常见的有线传输介质包括明线、对称电缆、同轴电缆、光纤等一类能够看得见的介质。

明线一般指平行架设在电线杆上的导电裸线或者带绝缘层的导线。与电缆相比，明线的损耗要低一些，但是它更容易受到天气和周围环境的影响，并且对外界的电磁干扰更加敏感。由于明线在传输信号时会相互影响，不适合将大量明线沿同一条路径进行架设，所以明线逐渐被电缆所取代。

电缆包括对称电缆和同轴电缆。对称电缆是由若干对称为芯线的双导线放在一个保护套内制成的。为了减小各对导线间的干扰，每一对导线都做成扭绞形状，所以称为双绞线。对称电缆的芯线比明线细，直径为 0.4～1.4mm，故其损耗比明线大，但是性能较稳定。对称电缆在有线电话网中广泛应用于用户接入电路。

同轴电缆是由内外两根同心圆柱形导体构成的，在这两根导体间有绝缘体隔离。内导体多为实心导线，外导体是一根空心导电管或金属编织网，在外导体外有一层绝缘保护的外皮。在内外导体间可以填充实心介质材料，或者用空气做介质，但每间隔一段距离有绝缘支架用于连接和固定外导体。外导体通常接地，因此它能够很好地起到屏蔽作用。目前，由于光纤的广泛应用，远距离传输信号的干线线路多以光纤代替同轴电缆。

用于传输光信号的有线信道是光纤。1966 年，外籍华人科学家高锟发表了一篇题为《光频率介质纤维表面波导》的论文，开创性地提出了光导纤维在通信上应用的基本原理。简单地说，只要解决好玻璃纯度和成分等问题，就能够利用玻璃制作光纤，从而应用于高效传输信息。关于光纤的详细介绍见本书的第 2 章。

② 无线信道，利用电磁波在空间中的传播来传输信号。

原则上，任何频率的电磁波都可以产生。但是，为了有效地发射或接收电磁波，要求天线的长度不小于电磁波波长的十分之一。所以，如果选择了频率过低、波长过长的电磁波进行信号传输，则天线将非常庞大。例如，如果传输信号用的电磁波的频率等于 3000Hz，则其波长等于 100km，要求天线的长度大于 10km。这种规模的天线虽然可以实现，但是并不实用和方便。所以，通常用于通信的电磁波的频率比较高。

除了外层空间的两个飞船的无线电收发信机之间的电磁波是在自由空间中传播的之外，常见的无线电收发信机之间的电磁波传播总是会受到地面和大气层的影响。根据通信距离、频率和位置的不同，电磁波的传播主要分为地波传播、天波（或称为电离层反射波）传播和视线传播 3 种。

频率较低（大约 2MHz 以下）的电磁波沿弯曲的地球表面传播，有一定的绕射能力，这种传播方式称为地波传播。低频和甚低频的地波能够传播超过数百千米或数千千米的距离。

频率较高（2～30MHz）的电磁波称为高频电磁波，它能够被电离层反射。利用电离层反射的传播方式称为天波传播。

频率高于 30MHz 的电磁波无法被电离层反射回来，沿地面绕射的能力也很小，所以它只能像光波那样进行视线传播。为了能增大其在地面上的传播距离，最简单的办法就是提升天线的高度。采用无线电中继的办法，或者利用人造卫星转发信号，即卫星通信，能够向更远的地方传输信号。

此外，电磁波还可以经过散射等方式传播。

无线信道的传输特性虽没有有线信道的传输特性稳定和可靠，但无线信道具有方便、灵活、允许通信者移动等优点，受到民众的欢迎。目前，应用最广的民用无线电通信是蜂窝移动通信和卫星通信。

（2）广义信道

广义信道除了包括传输介质外，还包括通信系统有关的变换装置，如发送设备、接收设备、馈线与天线、调制器、解调器等。这相当于在狭义信道的基础上，扩大了信道的范围。它的引入主要是从研究信息传输的角度出发。按照包含的功能，广义信道可以分为调制信道和编码信道，如图 1-7 所示。

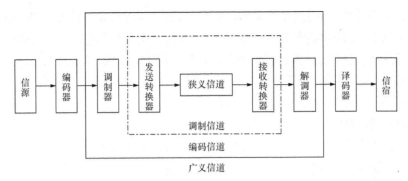

图1-7 广义信道

① 调制信道,是指从调制器的输出端到解调器的输入端所包含的发送转换器、狭义信道和接收转换器3部分。从调制和解调的角度看,调制信道只关心调制器输出的信号形式和解调器输入信号与噪声的最终特性,并不关心信号的中间变化过程。因此,定义调制信道对于研究调制与解调问题是方便和恰当的。

② 编码信道,是指从编码器输出端到译码器输入端的部分,即包括调制器、调制信道和解调器。在研究利用纠错编码对数字信号进行差错控制的效果时,利用编码信道的概念更方便。

(3)恒参信道和随参信道

恒参信道和随参信道是根据信道特性参数随时间变化的速度进行划分的。

① 恒参信道。如果实际信道的特性参数不随时间变化,或者基本不随时间变化,或者变化极慢,则该信道是恒参信道。一般各种有线信道和部分无线信道,包括架空明线、电缆、地波传播、视线传播、人造卫星中继、光纤等,都可以看作恒参信道。

② 随参信道。如果信道特性参数随时间随机变化,则构成的信道称为随参信道。例如,陆地移动通信信道就是常见的随参信道。

1.2.2 信道特性

从信道特性对信号传输的影响来看,传输介质的影响是主要的,而转换器特性的影响是次要的,甚至可以忽略不计。因此,这里将重点区分恒参信道和随参信道的基本特性。

1. 恒参信道的特性

恒参信道的主要传输特性通常可以用振幅-频率特性和相位-频率特性来描述。无失真传输要求振幅特性与频率无关,即其振幅-频率特性曲线是一条水平直线;要求其相位-频率特性曲线是一条通过原点的直线,或者等效地要求其传输时延与频率无关,等于常数。实际的信道往往都不能满足这些要求。

若信道的振幅-频率特性不理想,则信号发生的失真称为频率失真。信号的频率失真会使信号的波形产生畸变。在传输数字信号时,波形畸变可引起相邻码元波形之间发生部分重叠,造成码间串扰。

信道的相位-频率特性不理想将使信号出现相位失真。在模拟语音信道(或称模拟话路)中,相位失真对通话的影响不大,因为人耳对于声音波形的相位失真不敏感。但是,相位失真对于数字信号的传输影响很大,因为它会引起码间串扰,使误码率升高。

除了振幅-频率特性和相位-频率特性外,恒参信道中还可能存在其他使信号失真的因素,如线性失真、非线性失真、频率偏移和相位抖动等。线性失真是指信道输入信号和输出信号的振幅关系不是线性关系。非线性失真是指信号产生了新的谐波分量，造成所谓的谐波失真。这种失真主要是信道中的元器件特性不理想造成的。频率偏移是指信道输入信号的频谱经过信道传输后产生了平移。这主要是发送端和接收端中用于调制解调或频率变换的振荡器的频率误差引起的。相位抖动也是振荡器的频率不稳定而产生的，相位抖动的结果是对信号产生附加调制。上述因素产生的信号失真一旦出现，很难消除。

2. 随参信道的特性

以移动通信为例，移动台在运动，收发两点间的传输路径自然也在变化，这使得信道参量不断变化。一般来说，各种随参信道具有的共同特性如下。

① 信号的传输衰减随时间而变。

② 信号的传输时延随时间而变。

③ 信号经过几条路径到达接收端，而且每条路径的长度（时延）和衰落都随时间而变，即存在多径传播现象。多径传播对信号的影响称为多径效应，它对信号传输质量的影响很大。

可见，随参信道的特性比恒参信道要复杂得多，对信号的影响也比恒参信道要严重得多。为了减少上述衰落现象对信号传输的影响，需要采取多种抗衰落方法，如扩频多径分离技术、交织技术等。

1.2.3　信道容量

1. 信道容量

在有干扰的信道中，由于信道的带宽限制和噪声的存在，信道传输信息的最大能力是有限的。信道容量是指信道传输信息的最大极限速率。

2. 香农公式

根据香农信息论，对于连续信道，如果信道带宽为 B ，并受到加性高斯白噪声的干扰，其信道容量 C 的理论公式为

$$C = B\log_2(1 + S/N) \tag{1-1}$$

式（1-1）中，N 为高斯白噪声平均功率；S 是信号平均功率；S/N 为信噪比。

式（1-1）即著名的香农信道容量公式，简称香农公式，它是研究和评价通信系统原理和性能的理论基础。香农公式给出了当信号的平均功率和作用在信道上的高斯白噪声的平均功率确定时，在具有一定频带宽度 B 的信道上，理论上单位时间内可能传输的信息量的极限数值。

由于高斯白噪声平均功率 N 与信道带宽 B 有关，故若噪声单边功率谱密度为 n_0 ，则高斯白噪声平均功率 $N = n_0 B$ ，因此，香农公式的另一种形式为

$$C = B\log_2\left(1 + \frac{S}{n_0 B}\right) \tag{1-2}$$

3. 香农公式的应用

通过香农公式可以看出，信道容量 C、信道带宽 B 和信噪比 S/N 之间可以相互影响。如果想要增加信道容量 C，可以增大传输带宽 B，或者提高信噪比 S/N；通信系统的传输带宽不够大，或者信噪比太小，都会降低信道容量。在信道容量固定不变时，增大带宽可以允许有较小的信噪比；在信噪比大的条件下，小带宽也能有比较大的传输容量。

由此导出了以下的结论。

① 给定的信道容量 C 可以用不同的信道带宽和信噪比的组合来传输。维持同样大小的信道容量，可以通过调整信道的带宽 B 及信噪比 S/N 来实现，即信道容量可以通过信道带宽和信噪比的互换而保持不变。若减小信道带宽，则必须增大信噪比，即增加信号功率，反之亦然。因此，当信噪比太小而不能保持信道质量时，可以采用宽带系统传输，通过增加信道带宽、降低对信噪比的要求来改善通信质量。这就是所谓的用带宽换功率的措施。应当指出，信道带宽和信噪比的互换不是自动完成的，必须变换信号使之具有所要求的带宽。实际上，这是由各种类型的调制和编码完成的。调制和编码就是实现信道带宽和信噪比之间互换的手段。

② 假定 T 为传输时间，代入香农公式可得

$$I = TB \log_2(1 + S/N) \tag{1-3}$$

可见，当信噪比 S/N 一定时，给定的信息量 I 可以用不同的信道带宽 B 和时间 T 的组合来传输。

通常，把实现了极限信息速率传输且能做到任意小差错率的通信系统称为理想通信系统。香农只证明了理想通信系统的存在，却没有指出具体的实现方法，但这并不影响香农公式在通信系统理论分析和工程实践中所起到的重要指导作用。

1.3　调制与编码

原始消息转换的电信号因不易在信道中传输，需要对其进行调制使之能够在信道中正常传输。在信号传输过程中，为了提高通信的有效性和可靠性，需要对原始消息进行变换，即信源编码，还需要对信息附加监督码元，即信道编码。本节主要介绍调制与编码的思想和技术。

1.3.1　调制

通常，人们把由原始消息转换来的电信号称为基带信号。基带信号不易在信道中直接进行传输。因此，在发送端需将基带信号"附加"在高频振荡波上进行传输，即对信号频谱进行搬移，此过程就是调制。原基带信号称为调制信号，而高频振荡波为运载基带信号的工具，称为载波。经过调制的高频振荡波称为已调信号。在接收端，需要将载波上所携带的信号取下来，恢复为原基带信号，此过程称为解调。

1. 模拟信号调制技术

用数学的方法对调制进行定义，就是使信号 $m(t)$ 控制载波 $S(t)$ 的某一个（或者多个）参数，使这个参数按照信号 $m(t)$ 的规律而变化的过程。其中，载波 $S(t)$ 一般为正弦波，可以用式（1-4）来表示，即：

$$S(t) = A_c \cos(\omega_c t + \varphi_c) \tag{1-4}$$

由式（1-4）可见，载波主要是由振幅 A_c（c 表示 camer（载波））、频率 ω_c 和相位 φ_c 这 3 个参数构成的。改变 3 个参数中的任意一个即可实现调制。因此，使用 $m(t)$ 调制 $S(t)$ 的幅度 A_c，称为幅度调制（Amplitude Modulation，AM）；用 $m(t)$ 调制 $S(t)$ 的频率 ω_c，称为频率调制（Frequency Modulation，FM）；用 $m(t)$ 调制 $S(t)$ 的相位 φ_c，称为相位调制（Phase Modulation，PM）。

（1）幅度调制

幅度调制具体形式有标准调幅、双边带调制（Double Sideband Modulation，DSB）、单边带调制（Single Sideband Modulation，SSB）、残留边带调制（Vestigial Sideband Modulation，VSB）。

在幅度调制中，调幅信号的频谱与 $m(t)$ 之间的基本关系是线性搬移，即将 $m(t)$ 的频谱线性搬移到载波的频谱位置，再根据特定需求进行滤波处理。

通常情况下，载波 $S(t) = A_c \cos(\omega_c t)$（为了计算方便，令 $\varphi_c = 0$），假定信号波 $m(t) = \cos(\omega t)$ 也是正弦波，使用幅度调制的方法，则调幅信号 $S_m(t)$ 为：

$$S_m(t) = [A_c + \cos(\omega t)]\cos(\omega_c t)$$
$$= A_c \cos(\omega_c t) + \frac{1}{2}[\cos(\omega + \omega_c)t + \cos(\omega - \omega_c)t] \tag{1-5}$$

在式（1-5）中可以发现，经过幅度调制，原来的正弦载波形成了 3 个分量，包括其自身在内的 3 个正弦波相互叠加。如果以信号角频率（单位为 rad/s）为横坐标信号幅度（单位为 W）为纵坐标作图，即考虑式（1-5）在频域上的意义，则可以很简单地把式（1-5）表示为图 1-8 所示的形式。

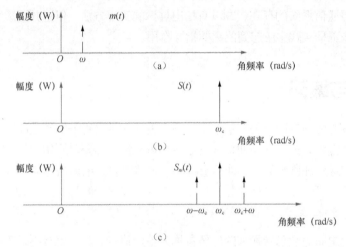

图 1-8　幅度调制频谱 1

在更加常见的情况下，$m(t)$ 是具备一定带宽的电磁波，利用同样的方法可以得到其幅度调制频谱的示意图，如图 1-9 所示。

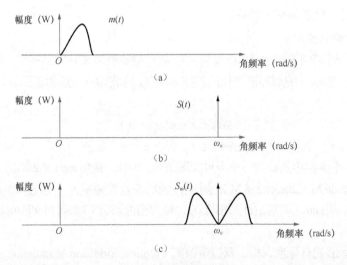

图 1-9　幅度调制频谱 2

由图 1-9 可知，经过幅度调制之后，形成的已调信号为带有载波分量的双边带信号，其带宽是基带信号带宽的两倍。

在信号传输过程中，载波分量不包含任何信息，所以可以使用特定的方法将其从传输信号中去除，以减少不必要的功率损失，这就是 DSB 技术，如图 1-10 所示。

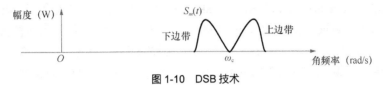

图 1-10 DSB 技术

DSB 的调制效率是 100%，即所有能量都能够用于信息的传输，但是其带宽仍然达到了基带信号带宽的两倍。

很容易注意到，已调信号的波形呈轴对称，通常将这种图形中高频的部分称为上边带，低频的部分称为下边带，两个部分都包含着基带信号的所有频谱分量，因此，在进行数据传输时，只需要传输其中一个边带即可。这种方式就称为 SSB，这样既能够节省发送功率，又能够减少发送信息所需的频带资源。图 1-11 即为保留上边带的单边带调制技术。

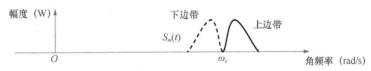

图 1-11 保留上边带的单边带调制技术

单边带在传输时具有很多好处，但是其技术存在一个实现难点，即边带滤波器的制作。如果想要在去除一个边带的同时完整保留另一个边带，则该滤波器必须在 ω_c 处具备非常陡峭的截止特性，这在载波频率较高的条件下，实现的技术难度非常高。

VSB 是介于 SSB 和 DSB 之间的一种折中方法，它克服了 DSB 占用频带宽的缺点，又解决了 SSB 信号实现困难的问题。VSB 不要求滤波器具备很高的截止特性，而是特意设计了一部分信号残留，滤波器实现难度较小，同时能够滤除大部分的多余信号。

（2）角度调制

在模拟调制中，FM 和 PM 统称为角度调制。与幅度调制相同，如果假定载波 $S(t) = A\cos(\omega_c t)$（为了计算方便，令 $\varphi_c = 0$），信号为 $m(t)$，已调信号为 $S_m(t)$，则频率调制为

$$S_m(t) = A\cos[\omega_c + m(t)]t \tag{1-6}$$

从式（1-6）可以看出，如果对载波进行频率调制，则已调信号的频率会随着基带信号的大小发生改变，即载波的幅度不会发生变化，而是载波的频率发生变化。干扰和噪声的影响主要体现在接收信号的幅度变化上，因此使用频率调制可以有效地限制干扰的影响。

同样的，相位调制中信号 $m(t)$ 作用于载波信号的相位，使得载波的相位参数 φ_c 随基带信号 $m(t)$ 进行变化，如式（1-7）所示。

$$S_m(t) = A\cos[\omega_c t + m(t)] \tag{1-7}$$

式（1-7）中，载波初始相位 $\varphi_0 = 0$。

2. 数字信号调制技术

随着社会经济的发展和用户需求的改变，在通信系统中传输的数字信号的规模已经远远超

过模拟信号。因此，目前通信系统中的调制大部分是数字信号调制。

相对于模拟调制中的 AM、FM 和 PM，数字调制需要调制的对象数量有限，能够更好地对抗干扰，并且能够采用中继技术去除信道中的噪声，具备更好的安全性。

常见的数字调制技术包括以下几种。

幅移键控调制（Amplitude Shift Keying，ASK）：利用不同的载波幅度表示二进制信号"0""1"。

频移键控调制（Frequency Shift Keying，FSK）：利用不同的载波频率表示二进制信号"0""1"。

相移键控调制（Phase Shift Keying，PSK）：利用不同的载波初始相位表示二进制信号"0""1"。

差分相移键控调制（Differential Phase Shift Keying，DPSK）：利用载波相位变化的相对数值表示二进制信号"0""1"。

正交幅度调制（Quadrature Amplitude Modulation，QAM）：幅度和相位同时变化，可以表示多位二进制数字。

下面对相对于比较简单的 ASK、FSK 和 PSK 进行介绍。

（1）ASK

与模拟调制中的 AM 类似，ASK 是用已调信号的幅度表示需要传输的信息，作为数字通信，其需要传递的为"0""1"两个二进制数字，如图 1-12 所示。

如图 1-12 所示，A 表示信号幅度，t 表示时间。当出现数字"1"时，调幅信号的幅度不为 0；当出现数字"0"时，调幅信号的幅度为 0，即没有信号波形。实现这种调制的最简单的实现方法是让包含"0""1"数字的信号控制一个开关电路，当出现数字"0"时，开关断开，没有信号；当出现数字"1"时，开关闭合，载波进入传输线路。

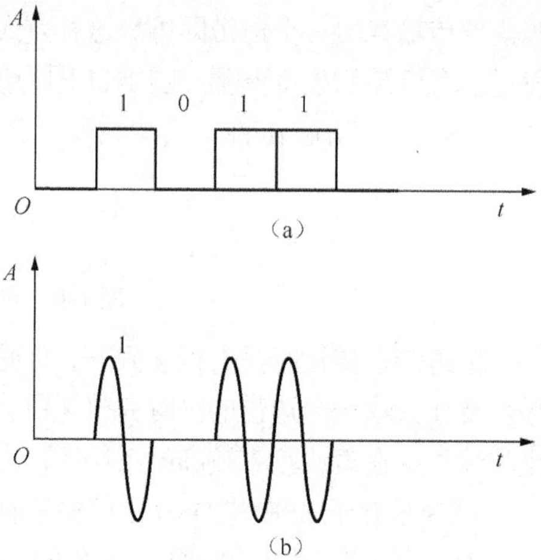

（2）FSK

同样的道理，FSK 使用数字"1""0"控制两个振幅相同但是频率不同的载波，当出现数字"0"时，载波 1 进入传输线路，载波 2 断开；当出现数字"1"时，载波"1"断开，载波 2 进入传输线路，如图 1-13 所示。

图 1-12 ASK

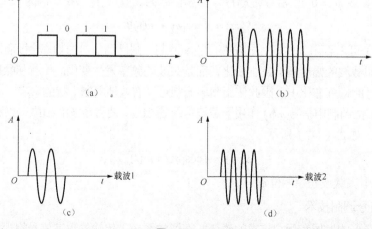

图 1-13 FSK

（3）PSK

如果二进制数字控制的是信号波的相位，则当出现"0""1"的时候，载波将以不同的相位进入传输线路。这就是 PSK，如图 1-14 所示。

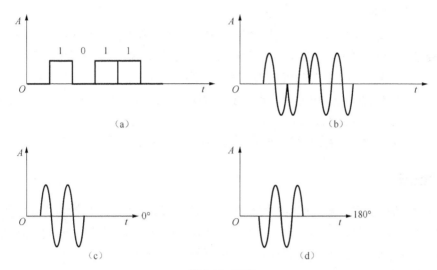

图 1-14 PSK

在图 1-14 中，0° 相位表示的是二进制数字"1"，180° 相位表示的是二进制数字"0"。

1.3.2 信源编码

1. 信源

信源就是信息的来源，可以是人、机器、自然界的物体等。信源发出的信息有各种形式，可以是符号，如文字、语言等；也可以是信号，如图像、声音等。例如，在无线广播中，信源一般是一个语音源；在电视广播中，信源主要是活动图像的视频信号源。这些信源的输出都是模拟信号，所以它们被称为模拟信源。数字信源则输出离散的数字信号，如电传机、计算机等各种数字终端。

2. 信源编码

信源编码是一种以提高通信有效性为目的对信源符号进行的变换，或者说为了减少或消除信源冗余而进行的信源符号变换。

最原始的信源编码就是莫尔斯电码，ACSII 码和电报码也是信源编码。但现代通信应用中常见的信源编码方式有哈夫曼（Huffman）编码、算术编码、L-Z 编码，这 3 种都是无损编码；另外，还有一些有损的语音编码方式，如脉冲编码调制（Pulse Code Modulation，PCM）、差分脉冲编码调制（Differential Pulse Code Modulation，DPCM）、增量调制（Delta Modulation，DM）等都可以将模拟信号转换成数字信号。

另外，在数字电视领域，信源编码包括通用的 MPEG-4 编码等。

3. 抽样定理

对一个带宽有限的连续模拟信号进行抽样时，若抽样频率足够大，则这些抽样值就完全能够代表原模拟信号，并且能够由这些抽样值准确地恢复出原模拟信号波形。因此，不一定要传输模拟信号本身，只要传输满足一定抽样频率要求的离散抽样值，接收端就能恢复原模拟信号。描述抽样频率要求的定理为抽样定理，它为模拟信号的数字化奠定了理论基础。具体低通模拟信号抽样定理的介绍见第 2 章。

4. 脉冲编码调制

脉冲编码调制是一种将模拟信号转换成数字信号的编码方式，其于 1937 年由法国工程师 Alec Reeres（阿莱克·里尔斯）最早提出概念，1946 年，美国 Bell 实验室发明了第一台 PCM 数字电话终端机。1962 年以后，晶体管 PCM 终端机大量应用于市话网，使市话电缆的传输电话路数扩大了 24～30 倍。20 世纪 70 年代后期，超大规模集成电路的 PCM 编码器、解码器的出现，使 PCM 在光纤通信、数字微波通信、卫星通信中获得了更广泛的应用。

PCM 主要包括抽样、量化与编码 3 个过程，详细过程见第 2 章。

1.3.3 信道编码

信道编码是数字通信系统的重要组成部分，是将信息从信源可靠地传输到信宿的主要技术。由于传输信道存在一定的噪声和衰落，必然会在传输的信号中引入失真，导致接收端信号判断错误，因此需要采用信道编码（差错控制）来检测和纠正这些错误。

1. 信道编码的思想

信道编码的基本思想是在被传输的含有信息的码元中附加一些监督码元，在信息和监督码元之间建立某种校验关系，当这种校验关系因传输错误而受到破坏时，可以被发现并纠正。这种检错和纠错能力是用信息量的冗余度来换取的。从理论上讲，信道编码是以降低信息传输速率为代价换取传输可靠性的提高的。

下面以 3 位二进制码组为例，说明检错纠错的基本原理。

3 位二进制码元共有 8 种可能的组合：000、001、010、011、100、101、110、111。假设这 8 种码组都可以传递消息，若在传输过程中发生了一个误码，则一种码组会错误地变成另一种码组。由于每一种码组都可能出现，没有多余的信息量，接收端不可能发现错误，而会以为发送的就是另一种码组。

若只选 000、011、101、110 这 4 种码组（这些码组称为许用码组）来传输消息，则相当于只传递 00、01、10、11 这 4 种信息，而第 3 位是附加的。这位附加的监督码元与前面两位码元一起，保证码组中"1"码的个数为偶数。除上述 4 种许用码组以外的另外 4 种码组不满足这种校验关系，称为禁用码组，在编码后的发送码元中是不可能出现的。接收时，一旦发现这些禁用码组，就表明传输过程中发生了错误。用这种简单的校验关系可以发现 1 个和 3 个错误，但不能纠正错误。例如，当接收到的码组为 010 时，可以断定这是禁用码组，但无法判断原来是哪个码组。虽然原发送码组为 101 的可能性很小（因为发生 3 个误码的情况极少），但不能绝对排除这种可能性；即使传输过程中只发生 1 个误码，也有 3 种可能的发送码组，即 000、011 和 110。

如果进一步将许用码组限制为两种——000 和 111，则不难看出，用这种方法可以发现所有两个以下的误码，如用来纠错，则可纠正一位错误。

在信道编码中，定义码组中非零码元的数目为码组的重量，简称码重。例如，010 码组的码重为 1，011 码组的码重为 2。把两个码组中对应码位上具有不同二进制码元的位数定义为两码组的距离，称为汉明（Hamming）距，简称码距。在上述 3 位码组例子中，当 8 种码组均为许用码组时，两个码组间的最小距离为 1，称这种编码的最小码距为 1，常记作 $d_{min}=1$。

一种编码的最小码距直接关系到这种编码的检错和纠错能力，因此最小码距是信道编码的一个重要参数。

2. 常用的信道编码

这里介绍几种常用的信道编码。这些信道编码很简单，但有一定的检错能力，且易于实现，因此得到了广泛应用。

（1）分组码

分组码是将信息码分组，为每组信息码附加若干监督码元的编码。在分组码中，监督码元仅监督本码组中的信息码元。

分组码一般用符号（n,k）表示，其中，n 是码组的总位数，又称为码组的长度（码长）；k 是码组中信息码元的数目；$n-k=r$ 为码组中的监督码元数目，或称监督位数目。前面所举 3 位二进制码组的例子，其实就是分组码，其中，$n=3$，$k=2$，$r=1$，并且可以用符号表示。

在一般情况下，对于分组码有以下结论。

在一个码组内检测 e 个误码，要求最小码距 $d_{min} \geq e+1$。

在一个码组内纠正 t 个误码，要求最小码距 $d_{min} \geq 2t+1$。

在一个码组内纠正 t 个误码，同时检测 $e(e \geq t)$ 个误码，要求最小码距 $d_{min} \geq t+e+1(e \geq t)$。

这种结合纠错和检错的工作方式简称纠检结合，当错码数量少时，系统按前向纠错方式工作，以节省重发时间，提高传输效率；当错码数量多时，系统按反馈重发方式纠错，以降低系统的总误码率。所以，纠检结合适用于大多数时间中错码数量很少、少数时间中错码数量多的情况。

（2）卷积码

卷积码是由 P. Elias（伊利亚斯）发明的一种非分组码。在编码过程中，卷积码充分利用了各组之间的相关性。信息码的码长 k 和卷积码的码长 n 都比较小，因此卷积码的性能在许多实际情况下优于分组码，而且运算较简单。它通常更适用于前向纠错，在高质量的通信设备中已得到广泛应用。

与分组码不同，卷积码存在编码记忆性，可以实现连续编码。也就是说，卷积码在编码时虽然也是把 k 位的信息段编成 n 位的码组，但是监督码元不仅和当前的 k 位信息段有关，还和前面 $m=(N-1)$ 个信息段有关。所以一个码组中的监督码元监督着 N 个信息段。通常将 N 称为编码约束度，并将 $n \times N$ 称为编码约束长度。人们将卷积码记作（n,k,N），并将 k/n 定义为该卷积码的码率，例如，1/2 卷积码表示将 1 位信息编成 2 位信息的卷积码。

（3）级联码

级联码实际上是组合码，包括串行级联、并行级联和混合级联等方式。级联的目的主要是在保持译码复杂性、增加受控条件下提高信道纠错能力。例如，将纠突发错误能力突出的 RS 码与纠随机错误性能较好的卷积码级联，可以实现对不同信道错误的纠正。比较成熟的一类级联码是 RS 码（Reed-Solomom Codes，里德-所罗门码）和卷积码组成的串行级联码。另外，Turbo 码作为一类性能优异的并行级联码，已经成为移动通信、卫星和深空通信、宽带接入等系统的主要编码方案之一。

1.3.4　信道噪声

信道中存在的不需要的电信号统称为噪声。

1. 噪声的分类

（1）按照来源分类

按照来源，噪声可以分为人为噪声和自然噪声两大类。

① 人为噪声是由于人类的活动产生的，例如，电器开或关瞬间状态下产生的电火花、汽车点火产生的电火花、荧光灯产生的干扰、其他电台和家用电具产生的电磁波辐射等。

② 自然噪声是自然界中存在的各种电磁波辐射，如闪电、大气噪声、来自太阳和银河系的宇宙噪声等。

（2）按照性质分类

按照性质，噪声可以分为脉冲噪声、窄带噪声和起伏噪声。

① 脉冲噪声是突发性地产生的，幅度很大，其持续时间比间隔时间短得多。由于其持续时间很短，故其频谱较宽，可以从低频一直分布到甚高频，但是频率越高，其频谱的强度就越小。电火花就是一种典型的脉冲噪声。

② 窄带噪声可以看作一种非所需的、连续的已调正弦波，或简单地看作一个振幅恒定的、频率单一的正弦波。它通常来自相邻电台或其他电子设备，其频谱或频率通常是确知的或可以测知的。

③ 起伏噪声是遍布在时域和频域内的随机噪声，热噪声、电子管内产生的散弹噪声和宇宙噪声等都属于起伏噪声。

2. 噪声的描述

为了描述窄带噪声的带宽，引入了噪声等效带宽的概念，即频率响应幅值平方对频率的积分与最大频率响应幅值平方的比值，用来度量频谱泄漏的程度。频谱泄漏越严重，噪声等效带宽越大。有了噪声等效带宽的概念，再讨论通信系统性能时，可以认为窄带噪声的功率谱密度在噪声等效带宽内是恒定的。

为了准确表达噪声对传输信号的影响，通常采用信道的数学模型进行描述。信道的数学模型分为调制信道模型和编码信道模型两类。

调制信道模型用加性噪声和乘性噪声表示信道对于信号传输的影响。

（1）加性噪声

加性噪声，顾名思义，是指叠加在信号上的各种噪声。噪声可以看作信道中的一种干扰，如热噪声、散弹噪声等。它们与信号的关系是相加，不管有没有信号，噪声永远存在于通信系统中。

（2）乘性噪声

乘性噪声使信号出现了各种失真，包括线性失真、非线性失真、时间延迟及衰减等。乘性噪声随机变化的信道就是随参信道，而乘性噪声基本保持恒定的信道是恒参信道。

编码信道包含调制信道在内，因此加性噪声和乘性噪声都对编码信道有影响。这种影响的结果是使编码信道中传输的数字码元产生错误。所以编码信道模型主要用定量表示错误的转移概率。

3. 解决措施

工程实践中，为了解决噪声干扰问题，通常采用滤波器对无用信号进行过滤。另外，对通信设备的射频模块而言，有很多性能指标来反映其抗干扰的性能，最基本的指标为有用信号和噪声的比值——信噪比、衡量相邻信道间相互干扰的指标——相邻频道泄漏比（Adjacent Channel Leakage Ratio，ACLR）。

1.4　通信网概述

随着通信技术的不断发展，通信网的类型及向公众提供的业务不断增加，服务质量不断提高。通信网朝着数字化、宽带化、综合化和智能化的方向发展。本节主要介绍通信网的发展、构成要素、分类和结构。

1.4.1　通信网的发展

通信技术在近 20 年里经历了一系列重大的变化，主要体现为以数字化、智能化、移动化和分组化为特征的技术演进历程。通信网发展的战略趋势体现在网络业务的数据化、网络的宽带化、网络的光纤化、网络接入的无线化、网络的分组化、网络的融合化上。科学技术日新月异，通信科学技术正在以前所未有的速度向着多维度、多层面的方向发展，展现了以融合化、宽带化、泛在化和绿色化为主要特征的新的发展历程。

早期的通信业长期处于垄断的地位，如资本密集，资本和技术门槛很高；出现在我们面前的是一个系统、一类业务、一种政策。同时，网络容量与话务容量高度一致，业务和网络呈低速稳定增长，业务资费高。不同网络支撑不同业务，业务收入正比于流量、速度、业务种类，网络采用了专用封闭设计，如垂直一体化（如交换机）；以不同信息业务分割不同市场、行业和监管。通信业经营风险及技术风险小，是高利润、低风险行业。

20 世纪 90 年代后期以来，通信业经历着巨大的动荡。技术更新加快，建网成本大幅下降，业务主体发生了历史性变化，移动和宽带成为"主角"；竞争范围扩大，竞争力度加大；传统通信商务模式在 Internet 的冲击下失效，IT 走向前台，成为客户体验与网络的纽带；行业结构日趋不稳，运营商之间技术差别趋向消失；技术、竞争、监管推动了各种层面和形式的网络融合，网络内容服务商（Internet Content Provider，ICP）崛起，通信运营商低值化、管道化；低成本和业务转型成为运营商的两个主要对策；通信运营商从低风险、高利润行业变为高风险、低利润行业。

经历动荡、重组、兼并，大浪淘沙后的通信业语音业务变为一种应用，实现全业务及全 IP 化。融合是主旋律，包括通信网自身各层面的融合，IT 与通信网的融合，三网融合，IT、通信和传感技术融合（泛在网），信息与通信技术（Information and Communications Technology，ICT）基础设施与物理基础设施融合。

未来发展的趋势如下。

① 网络业务 IP 化（主要是 P2P 化和视频化）。

② 网络架构的扁平化和分布化。

③ 业务平台的融合化和水平集成化。

④ 网络管理的简单化。

⑤ 网络设备的低成本化。

1.4.2 通信网的构成要素

通信网在硬件设备方面的构成要素是交换设备、传输链路和终端设备。

① 交换设备是通信网的核心设备，具有呼叫处理、信令处理和操作维护管理等功能。

② 传输链路是信息的传输通道，一般包括线路接口设备、传输介质、交叉连接设备等。

③ 终端设备也称为用户终端设备，它是通信的源点和目的点。最常见的终端设备有电话机、传真机、计算机、视频终端、多媒体终端等。

1.4.3 通信网的分类

通信网有不同的分类方式，常用的分类方式有以下几种。

① 按业务类型，通信网可分为电话网、电报网、数据通信网、有线电视网等。电话网就是传输电话业务的网络，电报网用于传输电报，数据通信网用于传输数据业务，有限电视网用于传输电视业务。

② 按网络范围，通信网可分为局域网、城域网、广域网等。局域网一般指的是方圆几千米之内的由多台计算机组成的网络，城域网指的是一个城市内的计算机组成的网络，广域网是连接不同城域网和局域网的计算机远程通信网。

③ 按服务对象，通信网可分为公用通信网和专用通信网。公用通信网是为公众提供网络服务的网络，专用通信网是指各机关、企业、铁路、航空、军事、气象等单位为本单位业务需要而设置的通信网。

④ 按传输介质，通信网可分为电缆通信网、光缆通信网、光线通信网等。使用电缆进行信号传输的就是电缆通信网，使用光缆进行信号传输的就是光缆通信网，使用卫星中继的方式传输信号的就是卫星通信网。

⑤ 按交换方式，通信网可分为电路交换网、分组交换网、ATM 交换网、软交换网等。使用不同的交换技术的网络具体见 2.3 节。

⑥ 按拓扑结构，通信网可分为网状网、星形网、树形网、总线型网、环形网、复合型网等。

⑦ 按信号形式，通信网可分为模拟通信网和数字通信网。用于传输模拟信号的是模拟通信网，用于传输数字信号的是数字通信网。

⑧ 按网络功能，通信网可分为业务网、传输网和支撑网。业务网是指面向公众提供通信业务的网络，包括公共电话交换网、分组交换网、帧中继网、数字数据网、综合业务数字网、IP 网、移动通信网、智能网等；传输网的主要功能是通过有线、无线等传输方式可靠地传输各类信号；支撑网的主要功能是支持业务网和传输网的正常运行，包括 No.7 信令网、数字同步网和电信管理网。

1.4.4 通信网的拓扑结构

通信网常用的拓扑结构有网状网、环形网、星形网、树形网和总线型网，如图 1-15 所示。

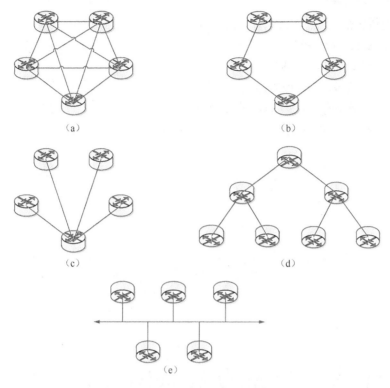

图 1-15 通信网常用的拓扑结构

① 网状网：网内任意两个节点之间均有直达线路相连。当节点数增加后，其线路数会迅速增加，因而不适用于节点数较多的大型网络。该网络稳定性好，但经济性较差，如图 1-15（a）所示。

② 环形网：所有节点通过闭合环路连接。该网络结构简单、易于实现，如图 1-15（b）所示。

③ 星形网：线路投入少，经济性好；但稳定性和可靠性较差，中心节点一旦发生故障，全网就会瘫痪，如图 1-15（c）所示。

④ 树形网：其节点按照层次进行连接，呈树状。该网络的信息交换主要在上下节点之间进行，适用于组建分级的网络结构，如图 1-15（d）所示。

⑤ 总线型网：所有节点通过总线连接。该网络需要的传输链路少，增减节点方便；但稳定性较差，网络范围有局限性，如图 1-15（e）所示。

习题

1. 什么是通信？信息、消息、信号有什么联系与区别？
2. 请画出通信系统模型，它由哪几个部分组成，分别具备什么功能？
3. 什么是单工、双工、半双工通信？
4. 什么是串行传输，什么是并行传输？

5. 噪声有哪些分类?

6. 什么是香农公式,香农公式有什么作用?

7. 什么是 AM、FM、PM?

8. 什么是 ASK、FSK、PSK?

9. 什么是信源编码? 信源编码有什么作用?

10. 什么是信道编码? 信道编码有什么作用?

11. 通信网的拓扑结构有哪些,分别有什么特点?

02 第2章 通信网基础技术

在人们日常的工作和生活中，经常接触和使用各种类型的通信网，这些网络一般是由终端设备、传输系统和交换系统3个部分构成的，它们是构成通信网的物理实体。本章介绍了传输技术中的传输介质和多路复用技术。语音信号是幅度、时间取值均连续的模拟信号，如何把模拟信号转换为数字信号是语音信号编码所要解决的首要问题。

本章重点介绍了抽样、量化和编码3个步骤，针对现代通信网中常用的交换技术，从概念、原理和特点等方面进行了阐述。

学习目标

◆ 掌握传输介质和多路复用技术。

◆ 掌握数字通信过程及数字复接技术。

◆ 掌握交换技术的原理。

2.1 传输技术

传输技术是指充分利用不同信道的传输能力构成一个完整的传输系统，使信息得到可靠传输的技术。传输系统是整个通信系统的重要组成部分，传输技术主要依赖于具体信道的传输特性。衡量信道传输性能的主要指标是有效性和可靠性，两者既紧密相连，又相互制约。本节介绍传输技术中所需的传输介质和多路复用技术。

2.1.1 传输介质

所谓传输介质，是指信号传输使用的物理通信线路。数据在传输过程中需要转换成电信号或者光信号的形式在传输介质中传输。传输介质分为有线传输介质和无线传输介质两类。有线信号和无线信号都是以电磁波的形式传输的。不同的是，在有线介质中，电磁波信号会沿着有形的固体介质传输。目前常见的有线介质有双绞线、同轴电缆和光纤。在无线介质中，电磁波信号是通过地球外部的大气或外层空间进行传输的，信号在空中是自由传输的，不受大气或外层空间的制约。无线传输常用的电磁波有无线电波、微波、红外线等。

1. 有线介质

（1）双绞线

双绞线是指由一对绝缘的铜导线扭绞在一起组成的一条物理通信链路。通常人们将多条双绞线放在一个护套中组成一条电缆。采用双线扭绞的形式主要是为了减少线间的低频干扰，扭绞得越紧密，双绞线的抗干扰能力越强，图 2-1 所示为双绞线的物理结构。

与其他有线介质相比，双绞线的优点是便宜和易于安装；缺点是串音现象会随着频率的升高而增加，抗干扰能力差，复用度不高。双绞线通常用作电话用户线和局域网传输介质，在局域范围内的传输速率可以达到 100Mbit/s，但是很难用于宽带通信和长途传输线路。

双绞线可分成屏蔽双绞线（Shielded Twisted Pair，STP）和非屏蔽双绞线（Unshielded Twisted Pair，UTP）。虽然 STP 的传输特性好于 UTP，但是其价格昂贵、操作比较复杂，除

图 2-1 双绞线的物理结构

了在令牌环网中应用以外，在其他领域中并无太多应用。目前电话用户线和局域网中都使用了 UTP，普通电话用得最多的是 24 号的 UTP。常用的 UTP 性能指标如表 2-1 所示。

表 2-1   常用的 UTP 性能指标

分类	AWG	性能	主要应用
三类	22 和 24	16Mbit/s	POTS、E1/T1、令牌环网、10Base-T 网等
四类	各种	20Mbit/s	4/16Mbit/s 令牌环网
五类	各种	100Mbit/s	4/16Mbit/s 令牌环网、10/100Base-T 网

（2）同轴电缆

同轴电缆由内、外导体和中间的绝缘层组成，内导体是比双绞线更粗的铜导线，外导体外部还有一层护套，它们组成一种同轴结构，因而称为同轴电缆，如图 2-2 所示。

最常见的同轴电缆由绝缘材料隔离的铜线导体组成，在里层绝缘材料的外部是另一层环形导体及绝缘体，整个电缆由聚氯乙烯或特氟纶材料的护套包住。同轴电缆由里到外分为 4 层：中心铜线（单股的实心线或多股绞合线）、塑料绝缘体、网状导电层和电线外皮。中心铜线和网状导电层形成电流回路。同轴电缆是容量较大的有线信道。

如果使用一般电线传输高频率电流，则这种电线相当于一根向外发射无线电的天线，其效应损耗了信号的功率，使得接收到的信号强度减小。同轴电缆的设计正是为了解决这个问题。中心铜线发射出来的无线电被网状导电层所隔离，网状导电层可以通过接地的方式来控制发射出来的无线电波。在同轴电缆中，电磁波在外管和内芯之间传播，基本上与外界隔离，无发射损耗，也较少受到外界干扰，因而传输质量和可靠性都很好。

同轴电缆也存在不足。当电缆某一段受到比较大的挤压或扭曲变形时，中心铜线和网状导电层之间的距离就不是始终如一的，这会使内部的无线电波被反射回信号发送源。这种效应大大降低了可接收的信号功率，所以中心铜线和网状导电层之间加入了一层塑料绝缘体，以保证它们之间的距离始终如一，这也是同轴电缆比较僵硬而不容易弯曲的原因。

（3）光纤

① 光纤的结构。光纤是一种很细的可传输光信号的有线介质，是由玻璃、塑料或高纯度的合成硅制成的。目前，通信用的光纤绝大多数是用纯度很高的石英材料做成的横截面很小的双层同心圆柱体，光纤由纤芯、包层和涂覆层 3 部分组成，其基本结构如图 2-3 所示。

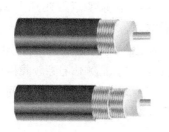

图 2-2　同轴电缆

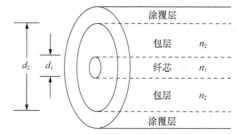

图 2-3　光纤的基本结构

纤芯：纤芯位于光纤的中心，折射率为 n_1，直径为 d_1。纤芯是光波的主要传输通道，成分为高纯度二氧化硅。此外，在纤芯中添加了锗、磷等元素以提高折射率，用于传输光信号。

包层：纤芯的外围是包层，折射率为 n_2，直径为 d_2。要求 $n_1 > n_2$，这样光信号才能在纤芯和包层的分界面上发生全反射，实现光在光纤中的传播。在包层中添加硼、氟等元素可以降低折射率。

涂覆层：光纤的最外层为涂覆层，包括一次涂覆层、缓冲层和二次涂覆层。涂覆层既保护了光纤不受水汽的侵蚀和机械擦伤，又增加了光纤的机械强度与可弯曲性，起着延长光纤使用寿命的作用。

② 光纤的分类。按照光纤传输的模式数量，可以将光纤分为单模光纤和多模光纤。

单模光纤是只能传输一种模式的光纤。单模光纤的纤芯很小，纤芯直径只有 4～10μm，具有非常好的传输特性，为信号的传输提供了更大的带宽和更远的距离，因此，它适用于大容量、长距离通信。目前，长途传输主要采用单模光纤。

多模光纤的纤芯直径比较大，一般为 50μm 或 62.5μm，允许存在多种光传导模式。多个光信号进入光纤时会沿着多个角度反射，产生模式色散，从而影响传输的速度和距离。多模光纤的带宽小、色散大、损耗也大，主要用于短距离、低速率传输。例如，在接入网和局域网中，一般传输距离小于 2km。

③ 光纤的优点。相对于传统的铜导线介质传输，光纤传输具有以下优点。

a. 频带宽。频带的宽窄代表传输容量的大小。载波的频率越高，可以传输信号的频带宽度就越大。光纤系统的工作频率为 100～1000THz，其潜在的带宽是巨大的。相对于同轴电缆的几百兆位每秒每千米和双绞线的几兆位每秒每千米，目前通过密集波分复用技术在一根光纤上实现 40(Gbit/s)/200km 传输速率的系统已经在电信网中广泛应用。

b. 重量轻。因为光纤非常细，单模光纤纤芯直径一般为 4～10μm，外径也只有 125μm；加上防水层、加强筋、护套等，用 4～48 根光纤组成的光缆直径还不到 13mm，比标准同轴电缆的直径 47mm 要小得多。此外，光纤是玻璃纤维，具有直径小、重量轻的特点，安装十分方便。

c. 传输损耗低、抗干扰能力强。光纤的传输损耗很低，若传输 1.31μm 波长的光信号，每千米损耗在 0.35dB 以下；若传输 1.55μm 波长的光信号，每千米损耗可达 0.2dB 以下。由于光纤只传输光信号、不导电、不受电磁场的作用，故光纤传输对电磁干扰、工业干扰有很强的抵御能力。也正因为如此，在光纤中传输的信号不易被窃听，利于保密。

2. 无线介质

通过无线介质（也称自由空间）传输光、电信号的通信形式叫作无线通信。无线通信使用的传输介质为电磁波，常用的电磁波有无线电波、微波（属于无线电波）和红外线。

（1）无线电波

无线电波是指在自由空间传播的射频频段的电磁波，其工作频率范围在几十 MHz 到 300MHz。无线电技术是通过无线电波传播声音或其他信号的技术。

无线电波的优点是易于产生，能够长距离传输，能够轻易地穿越建筑物，并且是全向传播的，非常适合广播通信。它的缺点是其传输的特性与信号频率有关，低频信号穿越障碍物能力强，但是传输损耗大；高频信号趋向于沿直线传输，但是容易在障碍物处形成反射，而且高频信号受天气的影响比低频信号大。一般高频频段只能作为近距离的通信手段，有效通信距离不超过 100km，因此高频频段适宜建立移动通信网。

目前，无线电波主要应用于公众无线电广播、电视发射和无线专用网等领域。

微波是无线电波的一种，是指波长为 1mm～1m、频段为 300MHz～300GHz 的电磁波。微波通信是指利用微波作为射频携带信息，通过电波空间传播的无线通信方式。由于微波的频率很高，所以电磁波以直射波的方式在空间传播。若想实现微波长距离传输，必须采用中继传输的方式。通常，微波中继距离为 50km，具体由地理条件、气候等外部环境决定。

微波的优点：由于微波波长很短，天线的方向性很强，在自由空间中传播时，微波信号在一定发射方向上沿直线传播，传播效率较高，允许调制的频带较宽，微波适用于大容量的信息传输，特别是在视距范围内实现点对点通信。微波的缺点：微波信号容易受环境的影响（如降雨、雾天、灰尘等），频率越高影响越大，高频信号损耗也较大。

微波通信适用于地形复杂和特殊应用需求的环境，目前主要应用于专用网络、应急通信系统、无线接入网、陆地蜂窝移动通信系统。卫星通信属于微波通信的一种特殊形式。

（2）红外线

红外线是波长介于微波与可见光之间的电磁波，波长为 750nm～1mm，其波长比红光长。与微波相比，红外线最大的缺点是不能穿越固体物质，所以它主要用于短距离和小范围内的设备之间的通信。由于红外线无法穿越障碍物，也不会产生微波通信中的干扰和安全方面的问题，所以使用红外线传输时，不需要向专门机构进行频率分配的申请。

红外线通信主要用于家电产品的远程遥控，如家电的遥控器，也适用于便携式计算机通信的接口传输等。

2.1.2　多路复用

在现代通信网传输系统中，传输介质的带宽都远大于传输单路信号所需的带宽。这种情况下，一条信道只传输一种信号就过于浪费资源了。

为了有效利用传输介质的带宽，在传输系统中出现了多路复用技术，即在一条传输介质上同时传输多路信号，以提高传输介质的使用效率，从而降低线路成本。常用的多路复用技术有频分复用（Frequency Division Multiplexing，FDM）、时分复用（Time Division Multiplexing，TDM）和波分复用（Wavelength Division Multiplexing，WDM）。

1. FDM

FDM 是把传输介质的可用频带分割为若干条较窄的子频带，每一条子频带都可以作为一个独立的传输信道传输一路信号。为了防止各路信号之间相互干扰，要求每路信号要调制到不同的载波频段上，而且各个频段之间要保留一定的间隔，称为保护频带。FDM 信号与频带如图 2-4 所示。

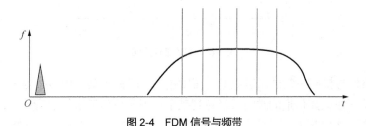

图 2-4　FDM 信号与频带

FDM 的工作原理是在一条通信线路上设置多个信道，每路信道的信号以不同的载波频率进行调制，各路信道的载波频率互不重叠，这样一条通信线路就可以同时传输多路信号。FDM 工作原理如图 2-5 所示。

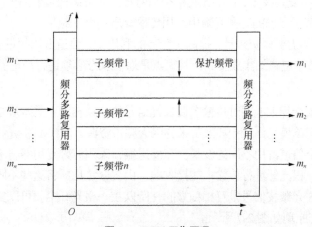

图 2-5　FDM 工作原理

FDM 的优点是容易实现、技术成熟、能较充分地利用信道带宽。其缺点是保护频带占用了一定的信道带宽，从而降低了频分复用的效率；信道的非线性失真改变了它的实际频率特性，容易造成串音和互调干扰；所需要的设备随着输入路数的增加而增多，不易小型化；FDM 也不提供差错控制技术，不利于性能监测。因此，FDM 技术正慢慢被 TDM 技术所取代。

2. TDM

TDM 是将信号按照规定的间隔在时间上相互错开，在一条公共信道上传输多路信号的复用技术。具体来说就是把时间分成均匀的时间间隙，将每一路信号的传输分配在不同的时间间隙内，以达到相互错开的目的。TDM 多用于数字传输，每一路信号所占的时间间隙称为"时隙"。TDM 是一种按照时间区分信号的方法，只要发送端和接收端同步地切换所连接的设备，就能保证各路设备共用一条信道进行通信且彼此互不干扰。TDM 工作原理如图 2-6 所示。

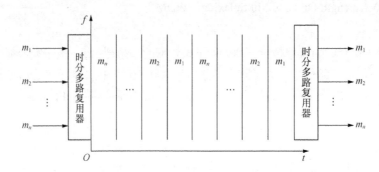

图 2-6　TDM 工作原理

图中，n 路信号接到一条公用信道上。在发送端，时分多路复用器按照一定的次序轮流地给各个设备分配一段公用信道的时间。当轮到某个设备使用信道来传输信号时，该设备就在逻辑上和公用信道上连接起来，而其他设备和公用信道的逻辑联系会暂时被切断。当指定的通信设备占用信道的时间一到，时分多路复用器就会把信道切换给下一个被指定的设备。按上述原理依次循环工作。在接收端，时分多路复用器应与发送端的时分多路复用器保持同步，这样就能保证每一个输入流都有一个完全对应的输出。

TDM 是一种数字复用技术，需要先将模拟信号经过脉冲编码调制后变为数字信号，再进行 TDM，各路信号在属于自己的时间间隙中占用传输介质的全部频带。

TDM 的优点是不需要保护频带，提高了频带的利用率；信道占用频带小，容量大；便于实现数字通信技术；数字电路的集成度高。其缺点是通信双方必须进行严格的时间同步。

3. WDM

WDM 是在一根光纤上能同时传输多波长光信号的一项技术，其本质是光域上的频分复用技术。为了充分利用单模光纤低损耗区带来的巨大频带资源，WDM 将光纤的低损耗窗口划分成若干个信道，每个信道占用不同的波长。在发送端，采用波分复用器将不同波长的光载波信号合并起来，送入一根光纤进行传输；在接收端，由波分复用器将这些不同波长光载波信号分离。因为不同波长的光载波信号是互相独立的，所以在一根光纤中便可以实现多路光信号的复用传输。WDM 工作原理如图 2-7 所示。

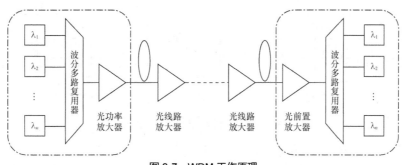

图 2-7　WDM 工作原理

在模拟通信的 WDM 中，为了提高信道的利用率，各路信号所占有的频段间隔很近。但是在 WDM 系统中，由于光器件技术还达不到要求，采用类似 WDM 的光频分复用技术还不够成熟。因此，只能选用在同一波长窗口中每个信道波长间隔较小的波分复用，即在 1550nm 波长区段选用每波道相差 1.6nm、0.8nm 或 0.5nm 甚至更小的间隔，相当于频率间隔相差 200GHz、100GHz 或频带间隔更窄的多波道复用，一般采用波长来表示每一信道。一个波长窗口中的多波道复用技术被称为密集型波分复用（Dense Wavelength Division Multiplexing，DWDM）。

目前，直接用 WDM 来称呼 DWDM 系统。从本质上来说，DWDM 只是 WDM 的一种形式，WDM 更具有普遍性。而随着技术的发展，原来认为的密集的波长间隔，在技术上实现起来越来越容易，也就变得不那么密集了。一般情况下，如果不是特指 1310nm 和 1550nm 两个波段的 WDM 系统，人们所说的 WDM 系统就是 DWDM 系统。

WDM 的主要优点包括可以充分利用光纤庞大的频带资源，使一根光纤的传输容量比单波长增加了几十倍，降低了长途传输的成本；WDM 对数据格式是透明的，与信号传输速率和调制方式均无关；WDM 是理想的扩容技术，也是方便引入宽带新业务的技术，增加一个附加波长即可引入想要的新的业务和容量。

2.2　数字通信技术

目前，虽然通信过程中大多数采用的是数字化的方式，但实际由信源设备直接产生的原始信号都是模拟信号，如语音和图像。在数字通信系统中无法直接传输模拟信号，这就需要先完成模拟信号数字化的过程。本节介绍数字通信的过程和数字复接技术。

2.2.1　数字通信过程

目前，将模拟信号转换为数字信号的方法有很多种，最典型的就是 PCM。PCM 是将模拟信号的抽样量化值转换成二进制代码的过程，包括 3 个基本步骤，即抽样、量化、编码。在发送端，先将模拟信号抽样成一系列离散时间的抽样值，再把幅度连续的抽样值量化为离散的振幅值，最后将这些量化抽样值编码为不易受传输干扰的二进制代码。这就是把模拟信号转换为数字信号的全部过程。

经过信号传输后，在接收端进行与上述过程相反的转换和处理，即先把数字编码脉冲还原为量化的样值脉冲（解码），再进行滤波，去除高频分量，这样即可还原为模拟信号。这里说的模拟信号是一般的模拟信号，可以是用于电话通信的语音信号，也可以是用于图像传输的图像信号。

典型的 PCM 基带传输系统如图 2-8 所示。

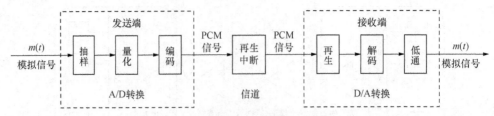

图 2-8　典型的 PCM 基带传输系统

PCM 主要包括 3 个部分：信源编码部分，相当于 A/D 转换，包括抽样、量化和编码 3 个过程；信道部分，信号在传输过程中要受到干扰和衰减，所以每隔一定距离要加一个再生中继器，使数字信号获得再生；信源解码部分，相当于数/模（Digital to Analog，D/A）转换，包括再生、解码和低通 3 个过程。

1. 发送端的 A/D 转换

（1）抽样

抽样又称取样，它是抽取模拟信号在离散时间点上的瞬时值，用这些离散时间点上的瞬时值（即抽样值序列）来代替原始时间连续的模拟信号，并要求能完全表示原信号的全部信息。这种在时间上对模拟信号进行离散化处理的过程称为抽样。抽取的样值序列称为脉冲调幅信号（抽样信号），这是模拟信号数字化的第一步，可以用图 2-9 所示的抽样模型来表示抽样的过程。

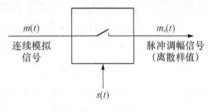

图 2-9　抽样模型

抽样模型可以表示为

$$m_s(t) = m(t) \cdot s(t) \tag{2-1}$$

式（2-1）中，抽样脉冲 $s(t)$ 可以取值为 0 和 1，当 $s(t)=1$ 时，开关闭合，输出为该时刻信号的瞬时值；当 $s(t)=0$ 时，开关断开，无输出。模拟信号的抽样过程如图 2-10 所示。

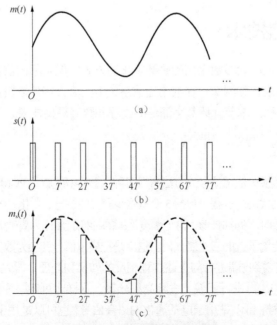

图 2-10　模拟信号的抽样过程

显然，脉冲调幅信号只是原始信号 $m(t)$ 很少的一部分，抽样脉冲 $s(t)$ 的抽样频率的大小决定了接收端是否能还原出原始的模拟信号。

抽样定理是模拟信号数字化的理论基础，它从理论上分析了抽样频率的大小应如何取值，从而解决了由抽样值重建原始模拟信号的问题。

低通信号的抽样定理描述如下：如果 $m(t)$ 为一个频带限制在 $(0, f_H)$（f_H 为模拟信号的最高频率）内的连续模拟信号，若对它以 $f_s \geq 2f_H$（f_s 为抽样频率）的频率进行抽样，则取得的样值完全包含 $m(t)$ 的信息。抽样信号和连续信号间的频谱关系如图 2-11 所示。

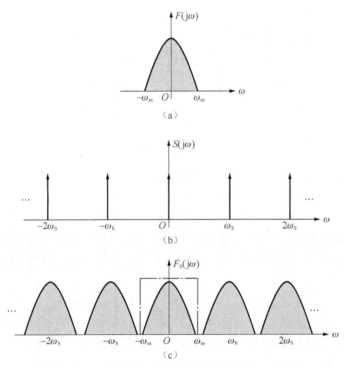

图 2-11　抽样信号和连续信号间的频谱关系

假设原模拟信号 $m(t)$ 的频谱 $F(j\omega)$ 如图 2-11（a）所示，抽样脉冲 $s(t)$ 的频谱 $S(j\omega)$ 如图 2-11（b）所示，脉冲调幅信号 $m_s(t)$ 的频谱 $F_s(j\omega)$ 如图 2-11（c）所示。由频谱关系可知，抽样信号 $m_s(t)$ 的频谱 $F_s(j\omega)$ 是原信号 $m(t)$ 的频谱 $F(j\omega)$ 沿 ω 轴不断平移所得的一串频谱，只要 $f_s \geq 2f_H$ 或 $\omega_s \geq 2\omega_m$，频谱就不会重叠。若 $f_s < 2f_H$ 或 $\omega_s < 2\omega_m$，则频谱会出现重叠，不能完好地提取出原信号的信息。

（2）量化

抽样后得到的脉冲调幅信号，只在时间上实现了离散化，而幅度取值仍是连续的，根据编码的要求还要完成幅度取值的离散化，这就是量化。量化即是将脉冲调幅信号在幅度上离散化，处理成时间上和幅度上都是离散的符号序列。具体来说，将脉冲调幅信号的幅度变化范围划分为若干个小间隔，每一个小间隔叫作一个量化级，脉冲调幅信号就落在某一个量化级内。

量化的方法有 3 种：四舍五入法、舍去法和补足法。若信号幅度变化范围为 0～3V，则分成 3 段并采用不同的量化法。以 1.36V 和 2.63V 为样值举例，四舍五入法后是 1.5V 和 2.5V，舍去法后是 1V 和 2V，补足法后是 2V 和 3V。实际应用中，四舍五入法的量化误差最小，但是设备复杂，采用较少。舍去法使用较多，具体如图 2-12 所示。

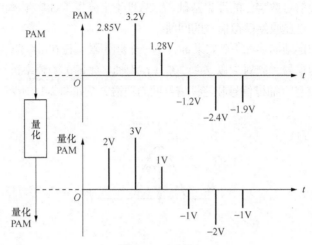

图 2-12　舍去法

量化可以分为均匀量化和非均匀量化两种方式。均匀量化是指各量化级间隔相等的量化方式，也就是说，均匀量化在整个输入信号的幅度范围内，量化级的大小都是相等的。均匀量化是把$-U \sim +U$ 均匀等分成 N 个量化间隔，N 称为量化级数。设量化间隔为Δ，则$\Delta = 2U/N$。假如量化采用的是四舍五入的方法，则最大的量化误差为$\Delta/2$。由于量化间隔是相等的，不随信号幅度的变化而变化，所以传输大信号时信噪比大，传输小信号时信噪比小。这正是均匀量化的缺点。

为了照顾小信号的量化信噪比，又使大信号的信噪比不过分大，实际中往往采用非均匀量化的方法。非均匀量化是对大小信号采用不同的量化级差，即在量化时对大信号采用大量化级差，对小信号采用小量化级差。采用非均匀量化可以改善小信号的量化信噪比。非均匀量化的特点如下：信号幅度小，量化间隔小，量化误差也小；信号幅度大，量化间隔大，量化误差也大。

实现非均匀量化的常用方法是压缩扩张技术。信号通过压缩电路就能改变大信号和小信号之间的比例关系，大信号的比例基本不变或变化很小，小信号则相应按比例增大。非均匀量化的实现如图 2-13 所示。

图 2-13　非均匀量化的实现

目前，国内使用的压缩扩张技术是 A 律 13 折线，具体实现方法如下：先把 x 轴的第一象限区间以 1/2 递减规律分为 8 个不均匀段，其分段点是 1、1/2、1/4、1/8、1/16、1/32、1/64 和 1/128；再将 y 轴的 [0，1] 区间均匀分段，其分段点为 1、7/8、6/8、5/8、4/8、3/8、2/8 和 1/8，将 y 轴的 8 段分别与 x 轴的 8 段一一对应，就可以得到由 8 段直线构成的一条折线，如图 2-14 所示。

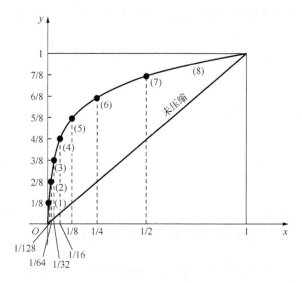

图 2-14　A 律 13 折线的分段

（3）编码

模拟信号经抽样、量化之后，变为时间和幅度上都离散的量化抽样值，把这些量化抽样值进一步变换为表示其量化电平大小的代码的过程叫作编码。有多少个量化抽样值就需要多少个代码组。代码组的选择可以是任意的，只要与量化抽样值一一对应即可。编码后所形成的二进制码组的信号就是 PCM 信号。

2. 再生中继

PCM 信号在信道传输过程中，由于受到衰减和噪声干扰的影响，波形容易失真。随着通信距离的加长，接收信噪比不断下降，误码率升高。所以，在信道上每隔一定的距离需要对数字信号波形进行一次再生、还原、放大处理，使信号恢复到与原发送信号相同的波形，再进行传输，这就是再生中继器的作用。

3. 接收端的 D/A 转换

接收端收到数字信号后，先整形再生，再进行码型反变换，并送至解码电路。解码与编码过程正好相反，属于数/模转换，是把二进制码元还原成与发送端一致的脉冲幅度样值信号。解码后脉冲幅度样值信号送入低通滤波器，输出脉冲幅度样值信号的包络线，此包络线和原始的模拟信号基本相似，即重建了原始的模拟信号。

2.2.2　数字复接

随着通信事业的发展，数字通信的容量不断增大。为了充分发挥长途通信线路的效率，总是把若干个小容量的低速数字流以 TDM 的方法合并成一个大容量的高速数字流再进行传输，传到对方后再分开，这称为数字复接。目前，PCM 通信方式的传输容量已由一次群扩大到二次群、三次群、四次群等，数字复接是解决 PCM 信号由低次群到高次群合成的技术。

数字复接系统包括数字复接器和数字分接器。数字复接器是把两个或者两个以上支路的数字信号按 TDM 方式合并成为单一的合路数字信号的设备。数字分接器是把一个合路的数字信号分解为原来支路数字信号的设备。数字复接器和数字分接器的构成原理如图 2-15 所示。

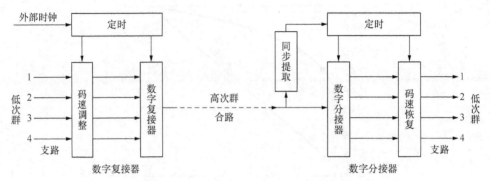

图 2-15　数字复接器和数字分接器的构成原理

按参与复接的各支路信号每次交织插入的码字结构情况，数字复接可分为按位复接、按字复接和按帧复接。按数字复接器输入端各支路信号与本机定时信号的关系，数字复接可以分为同步时钟复接和异步时钟复接。如果复接支路的时钟都是由同一个主振荡源所供给的，则此时的复接就是同步时钟复接。在同步时钟复接中，各个复接信号的时钟源是同一个，所以可保证各支路的时钟频率相等。异步时钟复接也称准同步复接，指的是参与复接的各支路码流时钟不是出自于同一时钟源。

PCM 各次群构成了准同步数字体系（Plesiochronous Digital Hierarchy，PDH），传统的数字通信系统采用的就是这种准同步数字体系。信息时代的高速发展，要求高质量的信息服务与之相适应，现代化的通信网正朝着数字化、综合化、宽带化、智能化和个人化的方向发展。传输系统是现代通信网的主要组成部分，为了适应通信网的发展，需要一个新的传输体制，同步数字体系（Synchronous Digital Hierarchy，SDH）应运而生。

1. PDH

国际上主要有两大系列的准同步数字体系，都经过 ITU-T 推荐，即 PCM 24 路系列和 PCM 30/32 路系列。北美洲地区和日本采用的是 24 路系统，即以 1.544Mbit/s 作为一次群的数字速率系列；欧洲地区和中国采用的是 30/32 路系统，即以 2.048Mbit/s 作为一次群的数字速率系列，具体如表 2-2 所示。

表 2-2　　　　　　　　　　　　　　数字速率体系表

地区（国家）	一次群（基群）速率	二次群速率	三次群速率	四次群速率
北美洲	1.544Mbit/s	6.312 Mbit/s	44.736 Mbit/s	274.176 Mbit/s
日本	1.544Mbit/s	6.312 Mbit/s	32.064 Mbit/s	97.728 Mbit/s
欧洲 中国	2.048 Mbit/s	8.448 Mbit/s	34.368 Mbit/s	139.264 Mbit/s

由表 2-2 可见，对于欧洲地区和中国的复接情况，二次群由 4 个一次群复接而成，但 8.448Mbit/s>4×2.048Mbit/s，这是因为各支路标称的 2.048Mbit/s 有误差，实际并不完全相同。在复接之前进行速率调整，4 个支路速率统一调整为同一时钟的 2.112Mbit/s，并嵌入帧同步码标志，再同步复接。

在过去的几十年里，数字电话网中一直使用的是 PDH，但是随着现代通信网的发展和用户要求的日益提高，PDH 难以适应长距离和大容量的数字业务的发展，难以满足网络控制和管理的需要，逐渐地暴露出了很多缺点。

① 国际上，1.544Mbit/s 和 2.048Mbit/s 两种体系互不兼容，造成国际互通的困难。

② 没有世界性的标准光接口规范。

③ 从组网角度看，PDH 难以从高次群信号中直接分出低次群甚至基群的信号，复用结构复杂，缺乏灵活性。

④ 在复用信号的帧结构中，由于比特的开销数量很少，因此不能提供足够的操作、维护和管理功能。

⑤ 缺乏网络拓扑灵活性，无法提供较好的路由选择，难以实现数字交叉连接功能。

2. SDH

SDH 这一概念最初由美国的 Bell 实验室提出，1988 年被 CCITT（现在的 ITU-7）接受，并加以完善，重新将其命名为 SDH，使之成为不仅适用于光纤，还适用于微波和卫星传输的通用技术体制。SDH 的采用使通信网的发展进入了一个崭新的阶段。

（1）SDH 的概念

SDH 是一套可进行同步信息传输、复用、分插和交叉连接的标准化数字信号结构等级，它可以在传输介质上进行同步信号的传输。它具有统一的网络节点接口（Network Node Interface，NNI），从而简化了信号的互通、传输、交叉连接和交换过程。SDH 具有一套标准化的数字信号结构等级，称为同步传输模块（Synchronous Transport Module-N，STM-N）。它采用终端复用器（Termination Multiplexer，TM）、分插复用器（Add/Drop Multiplexer，ADM）、数字交叉连接设备（Digital Cross Connect equipment，DXC）、再生中继器等具有统一标准光接口的网元实现不同厂家设备的互通。

（2）SDH 的帧格式

STM-N 信号帧结构的安排应尽可能使低速信号在一帧内均匀、有规律地分布，便于实现支路信号的同步复用、交叉连接、分插和交换，这是为了方便从高速信号中直接上/下低速支路信号。因此，ITU-T 规定了 STM-N 的帧是以字节为单位的矩形块状帧结构，如图 2-16 所示。

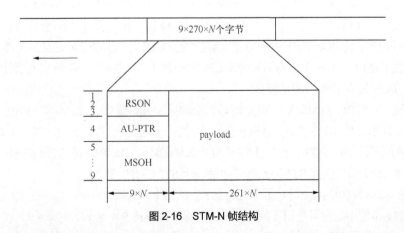

图 2-16　STM-N 帧结构

STM-N 的信号是 9 行×270× N 列的帧结构，此处的 N 与 STM-N 的数字 N 相一致，取值为 1、4、16、64……表示此信号由 N 个 STM-1 信号通过字节间插复用而成。由此可知，STM-1 信号的帧结构是 9 行×270 列的块状帧。当 N 个 STM-1 信号通过字节间插复用成 STM-N 信号时，仅仅是将 STM-1 信号的列按字节间插复用，行数恒定为 9 不变。

STM-N 信号的传输也遵循按比特的传输方式，SDH 信号帧传输的原则如下：按帧结构的顺序从左到右、从上到下逐个字节、逐个比特地传输；传完一行再传下一行，传完一帧再传下一帧。

任何级别的 STM-N 帧频都是 8000 帧/秒，帧周期的恒定是 SDH 信号的一大特点。帧周期的恒定使 STM-N 信号的速率有其规律性。例如，STM-4 的传输速率恒定等于 STM-1 信号传输速率的 4 倍，STM-16 的传输速率恒定等于 STM-1 的 16 倍。

SDH 传输速率等级如表 2-3 所示。

表 2-3   SDH 传输速率等级

等级	标称速率	简称速率
STM-1	155.520Mbit/s	155Mbit/s
STM-4	622.08Mbit/s	622Mbit/s
STM-16	2488.32Mbit/s	2.5Gbit/s
STM-64	9953.28Mbit/s	10Gbit/s

由图 2-16 可见，STM-N 的帧结构由 3 部分组成：信息净负荷（payload）、段开销（Section OverHead，SOH）、管理单元指针（Administration Unit Pointer，AU-PTR）段开销。其中，段开销包括再生段开销（Regenerator Section OverHead，RSOH）和复用段开销（Multiplex Section OverHead，MSOH）。

① payload 是在 STM-N 帧结构中存放将由 STM-N 传输的各种用户信息码块的地方。信息净负荷区相当于 STM-N 这辆运货车的车厢，车厢内装载的货物就是经过打包的低速信号——待运输的货物。为了实时监测货物（打包的低速信号）在传输过程中是否有损坏，在将低速信号打包的过程中加入了监控开销字节——通道开销（Path OverHead，POH）字节。POH 作为净负荷的一部分与信息码块一起装载在 STM-N 上并在 SDH 网中传输，它负责对打包的低速信号进行通道性能监视、管理和控制。

② SOH 是为了保证信息净负荷正常传输所必须附加的运行管理维护（Operations Administration and Maintenance，OAM）字节。例如，SOH 可对 STM-N 这辆运货车中的所有货物在运输中是否有损坏进行监控；而 POH 的作用是当车上有货物损坏时，通过它来判定具体是哪一件货物出现了损坏。也就是说，SOH 完成对货物整体的监控，POH 完成对某一件特定的货物的监控。当然，SOH 和 POH 还有其他管理功能。

SOH 又分为 RSOH 和 MSOH，可分别对相应的段层进行监控。段，其实相当于一条大的传输通道，RSOH 和 MSOH 的作用就是对这一条大的传输通道进行监控。RSOH 和 MSOH 的区别在于监管的范围不同。例如，光纤上传输的是 2.5G 信号，RSOH 监控的是 STM-16 整体的传输性能，而 MSOH 则是监控 STM-16 信号中每一个 STM 的性能情况。

RSOH 在 STM-N 帧中的位置是第 1 行到第 3 行的第 1 列到第 9×N 列，共 3×9×N 个字节；MSOH 在 STM-N 帧中的位置是第 5 行到第 9 行的第 1 列到第 9×N 列，共 5×9×N 个字节。

③ AU-PTR 位于 STM-N 帧中第 4 行的 9×N 列，共 9×N 个字节，是用来指示 payload 的第一个字节在 STM-N 帧内的准确位置的指示符，以便接收端能根据这个位置指示符的值（指

针值）准确分离 payload。

（3）SDH 的优缺点

SDH 和 PDH 相比，其优点主要体现在如下几个方面。

① 电接口方面：SDH 对 NNI 作了统一的规范。规范的内容有数字信号速率等级、帧结构、复用方法、线路接口、监控管理等。

② 光接口方面：线路接口（光接口）采用了世界统一标准规范，目前 ITU-T 正式推荐 SDH 光接口的统一码型为加扰码的不归零（Non Return to Zero，NRZ）编码方案。扰码的目的是抑制线路码中的长连"0"和长连"1"，便于从线路信号中提取时钟信号。由于线路信号仅通过扰码，所以 SDH 的线路光信号速率与 SDH 电口标准信号速率相同。

③ 复用方式方面：低速 SDH 信号是以字节间插方式复用到高速 SDH 信号的帧结构中的，这样就使得低速 SDH 信号在高速 SDH 信号的帧中的位置是均匀的、有规律的，即是可预见的。另外，SDH 采用了同步复用方式和灵活的映射结构，可将 PDH 的低速支路信号（如 2Mbit/s）复用到 SDH 信号的帧（STM-N）中。这样，低速支路信号在 STM-N 帧中的位置也是可预见的，于是可以从 STM-N 信号中直接分插出低速支路信号。这样节省了大量的复接/分接设备、增加了可靠性、减少了信号损耗、降低了设备成本和功耗等，从而使业务的上、下更加简便。

④ 运行维护方面：SDH 信号的帧结构中安排了丰富的用于运行管理维护的开销字节，使得网络的监控功能大大加强了，使得维护的自动化程度大大提高了。SDH 的开销字节占用整个帧结构所有带宽的 1/20，大大加强了 OAM 功能。

⑤ 兼容性方面：SDH 有很强的兼容性，当组建 SDH 传输网时，原有的 PDH 设备或系统仍可使用，这两种传输网可以共存。

2.3　交换技术

交换就是利用交换设备（交换机），将所有用户话机都用一对线接到交换设备上，由交换设备实现任意两个或多个用户话机的连通。通信网是由用户终端、交换节点和传输链路 3 部分组成的。交换机是交换节点的通信设备，是整个通信网络的核心。交换机的基本功能是实现交换，它实现的功能决定了整个通信网传输信息的质量。其中，接入功能负责完成用户业务的集中和接入，通常由用户接口和中继接口完成；交换功能负责信息从通信设备的一个端口进入，从另一个端口输出；信令功能负责呼叫控制及连接的建立、监视和释放；控制功能负责路由信息的更新和维护、计费、话务统计和维护管理。

根据网络传递用户信息时是否预先建立源端到目的端的连接，可以将网络使用的交换技术分为两大类：面向连接型和面向无连接型。

在面向连接型的网络中，两个通信节点间典型的一次数据交换过程包含 3 个阶段：连接建立、数据传输和连接释放。其中，连接建立和连接释放阶段传递的是控制信息，用户信息则在数据传输阶段传输。在 3 个阶段中，最重要的是连接建立阶段。该阶段需要确定从源端到目的端的路由，并在沿途的交换节点中保存该连接的状态信息。该方式适用于大批量、可靠的数据传输业务，但网络控制机制复杂。

在面向无连接型的网络中，数据传输之前，不需要在源端和目的端之间先建立通信连接，就可以直接通信。该方式的控制机制简单，适用于突发性强、数据量少的数据传输业务。

2.3.1 电话交换

电话交换技术的发展主要分为 3 个阶段。

人工电话交换阶段：1878 年出现了世界上第一部磁石式人工电话交换机。

自动电话交换阶段：在自动电话交换机中，交换接续过程的选线、连接和拆线等动作完全由交换机自动完成，不需要人工参与。

电子式自动交换阶段：自动电话交换由“机电”方式向“程控”方式演变，是 20 世纪电话通信的又一次重大变革。程控电话交换机就是电子计算机控制的电话交换机。它利用了电子计算机技术，用预先编好的程序来控制电话的接续工作。

以上 3 个阶段所完成的任务都是以一定的控制方式，完成主被叫用户的传输通道的连接。在通信开始之前，主叫方以人工或自动的方式通知交换设备，交换设备以人工或者自动的方式与被叫方之间建立一条电路。完成通信后，主/被叫有一方挂机，便再以人工或自动的方式，通知网络释放通信信道，于是本次通话过程所占用的相关电路被释放。

2.3.2 数据交换

数据交换经过了电路交换技术、报文交换技术和分组交换技术的发展历程。电路交换技术适用于传输语音业务。报文交换技术是根据电报的特点提出来的，适用于公共电报及电子信箱业务。20 世纪 70 年代中期以后，由于分组交换技术可以大大降低通信网的成本、提高通信网的可靠性和灵活性，因此数据通信网基本上都开始采用分组交换技术。

1. 电路交换

电路交换方式主要用于电话通信网，它是一种面向连接型的技术，在双方进行通信之前需要为双方分配一条具有固定带宽的通信电路，通信双方在通信过程中将一直占用所分配的资源，通信结束后才释放占用的资源。一次通信过程包括呼叫建立、信息传输和连接释放 3 个阶段。

在呼叫建立阶段，网络需要确定本次通信从源端到目的端用户业务信息所选择的路由，在该路由途经的交换节点上进行全程的资源保留。以这种方式可以建立一个端到端的专用通信连接。这个连接通常占用固定的带宽或时隙，有固定的传输速率。

在整个通信期间，不管实际有无数据传输，沿途的交换节点负责保持、监视该连接。等到通话双方有一方主动挂机后，网络才释放被占用的资源，释放连接。

电路交换的优点：时延小，适合实时性要求高的通信业务；通信质量有保证；控制简单。

电路交换的缺点：呼叫建立需要时间，每个连接带宽固定（不能适应不同速率的业务），不传信息时也占用资源（不适用于突发业务），信道利用率低。

2. 报文交换

报文交换，又称存储转发交换，是数据交换的 3 种方式之一。报文整个地进行发送，一次一跳。报文交换克服了电路交换方式中信道利用率低等方面的缺点，报文交换是分组交换的前身。

在这种交换方式中，收、发用户之间不存在直接的物理信道，因此用户之间不需要先建立呼叫，也不存在拆线过程。它将用户报文存储在交换机的存储器中，当所需要输出的电路空闲时，再将该报文发向接收交换机和用户终端。

报文交换的优点：不需要为通信双方预先建立一条专用的通信线路，不存在连接建立时延，用户可随时发送报文；通信双方不是固定地占用一条通信线路，而是在不同的时间一段一段地占用这条物理通路，因而大大提高了通信线路的利用率。

报文交换的缺点：由于数据进入交换节点后要经历存储-转发这一过程，因此会产生转发时延；报文交换只适用于数字信号；由于报文长度没有限制，可能要存储几个完整报文等待转发，要求网络中的每个节点都有较大的缓冲区。

3. 分组交换

在通信过程中，通信双方以分组为单位、使用存储-转发机制实现数据交互的通信方式称为分组交换。分组交换也称包交换，它将用户通信的数据划分成多个更小的等长数据段，在每个数据段的前面加上必要的控制信息作为数据段的首部，每个带有首部的数据段就构成了一个分组。首部指明了该分组发送的地址，当交换机收到分组之后，根据首部中的地址信息将分组转发到目的地，如图 2-17 所示。

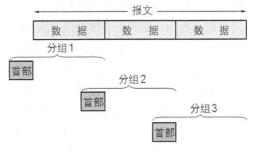

图 2-17 分组交换示意图

具体的分组流程：在发送端把要发送的报文分隔为较短的数据块；每个块增加带有控制信息的首部构成分组（包）；依次把各分组发送到接收端；接收端剥去首部，抽出数据部分，还原成报文。分组交换详细过程如图 2-18 所示。

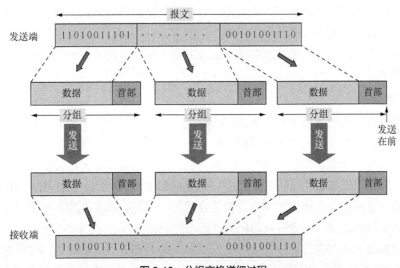

图 2-18 分组交换详细过程

根据网络处理分组方式的不同，分组交换方式可以分为数据报和虚电路两种。

（1）数据报

数据报属于面向无连接型的分组交换方式，是报文存储转发的一种形式。在数据报方式中，节点间不需要建立从源主机到目的主机的固定连接。源主机所发送的每一个分组都独立地选择一条传输路径。每个分组在通信子网中可以通过不同的传输路径，从源主机到达目的主机。

特点：协议简单，无须建立连接，无须为每次通信预留带宽资源；抵抗网络故障的能力很强，适用于突发性强的通信业务；传输时延大，不适用于大数据量、实时性要求高的业务。

（2）虚电路

虚电路是一种面向连接型的分组交换方式，其结合了数据报和电路交换两种技术的优点，以达到较好的数据传输效果。在虚电路方式中，分组发送前，需要在发送方与接收方之间建立一条逻辑通路，每个分组除了包含数据之外还包含一个虚电路标识符。在预先建好的路径上，每个节点都知道把这些分组引导到哪里去，不再需要路由选择判定。之所以被称为虚电路，是因为这条电路不是专用的。

虚电路的一次通信过程也分为 3 个阶段：虚电路建立、数据传输和虚电路释放。与电路交换的不同之处是，在虚电路建立阶段，网络完成的工作只是确定两个终端之间用户分组传输应走的路由，并不进行静态的带宽资源预留。

分组交换网主要适用于数据通信网。中国公用分组交换数据网是中国电信经营管理的全国性分组交换数据网，是数据通信的基础网，以 X.25 协议为基础实现终端、计算机和局域网间的通信，利用网络平台可以开发各种增值业务。

分组交换的特点：每次分组发送之前，必须在发送方与接收方之间建立一条逻辑通路；一次通信的所有分组都通过这条虚电路顺序传输，因此报文分组不必带目的地址、源地址等辅助信息；分组通过虚电路上的每个节点时，节点只需要做差错检测，而不需要做路径选择；通信子网中每个节点都可以和任何节点建立多条虚电路连接。

2.3.3　宽带交换

随着新的增值通信业务的出现，现有网络的传输和交换能力远远不够。其具体表现如下：各种业务信息的传输具有不同的速率要求和不同的突发性要求；不同的业务传输具有不同的误差要求和时延要求。2.3.2 节介绍的交换方式仅支持部分业务，随着网络服务范围的扩充，交换方式也随之改进。

1.　帧中继交换

分组交换技术的传统方法是利用 X.25 协议，它不仅决定了用户和网络的接口，还影响到了网络的内部设计。分组交换技术带来了相当可观的额外开销，在经过网络上的每一跳时，数据链路控制协议需要完成数据帧及确认帧的交换。在网络的中间节点上，必须为每条虚电路维护一张状态表，用于实现 X.25 协议的呼叫管理、流量控制和差错控制。当网络中的任何链路出现错误的概率都相当高时，上述这些额外开销是合理的。但是，如今的数字光纤网比早期的电话网具有更低的误码率，所以完全可以简化某些差错控制的过程。

帧中继交换技术就是在分组交换技术上发展起来的高速分组交换技术，对目前分组交换技术广泛使用的 X.25 协议进行了简化和改进，取消了网络内的差错控制和流量控制，将逐段的差错控制和流量控制移动到网络外端系统中实现，缩短了交换节点的处理时间。帧中继交换技术主要用于局域网高速互连业务。

帧中继交换的设计思想如下。

① 将原来由网络节点承担的、非常耗时的逐段差错控制功能和流量控制功能删除，网络只进行差错的检测。

② 保留 X.25 协议中统计复用和面向连接的思想。

③ 呼叫控制分组和用户信息分组在各自独立的虚电路上传递。

帧中继交换有如下特点。

① 提供面向连接的虚电路服务；不进行路由选择和流量控制，减少了节点处理时间。

② 简化了 X.25 协议，提高了网络处理效率和吞吐量，降低了时延。

③ 适用于突发性业务，允许用户有效利用预先约定的带宽传输数据，同时允许用户在网络资源空闲时超过预定值；帧长度可变，网络延迟和往返延时难以预测，不利于对多媒体的综合传输。

2. ATM 交换

异步传输模式（Asynchronous Transfer Mode，ATM）综合了电路交换和分组交换的优点，克服了电路交换方式中网络资源利用率低、分组交换方式中信息时延大和抖动的缺点，对语音、数据、图像、视频等各种信息进行一体化的处理、加工、传输和交换，提高了网络传输效率。

传统的分组交换和帧中继交换技术均是面向单业务来优化设计的，完全按照它们的体制难以实现综合业务的目标，这是因为不同类型的业务在实时性要求、服务质量要求、差错敏感度要求等方面差异很大，甚至完全相反。为了达到对综合业务优化的设计目标，ATM 在技术上采用了如下设计方案。

（1）采用短而固定长度的短分组

ATM 与传统分组交换、帧中继交换、IP 交换等最显著的区别就是采用了固定长分组，并把固定长分组称为信元。固定长的短分组简化了交换机的设计，减小了交换机的转发时延和语音信号的分组化时延，有利于保障实时业务的服务质量。

（2）继承传统分组交换的统计复用和虚电路技术的同时进行了改进

这是因为分组交换和帧中继交换主要承载非实时数据业务，而 ATM 网络需承载实时、非实时两类数据业务。为保证实时数据业务的服务质量，ATM 允许在建立一条新的虚连接的同时，向网络提交一个资源预留的请求，从而保证网络上的信息可以在允许的差错率下传输。

（3）简化协议

由于 ATM 协议运行在误码率很低的光纤传输网上，同时预约资源机制保证了网络中传输的负荷小于网络的传输能力，所以 ATM 取消了网络内部节点链路上的差错控制和流量控制。对于通信过程中出现的差错，ATM 将这些工作交给了网络边缘的终端设备完成。由于 ATM 网络中不进行流量控制和差错控制，所以信元头部变得异常简单，主要是标志虚电路，用于表示信元经过网络传输的路径。但是如果信元头部出现错误，则必然会导致信元的错投，浪费网络的计算和传输资源，所以需要在信元的头部加上纠错和检错的机制，防止或降低错选路由。

ATM 交换的特点如下。

① ATM 采用了统计时分复用技术，将一条物理信道拆分为多个具有不同传输特性的逻辑信道并提供给用户，可按需分配带宽。

② ATM 采用了基于虚电路的面向连接控制方式。

③ ATM 以信元为传输单位，既可以简化队列管理，又可以减小时延，以满足实时通信业务的需求。

④ ATM 采用了光纤进行传输，误码率很低，取消了逐段的差错控制和流量控制。

3. IP 交换

将先进的 ATM 交换技术和 IP 技术融合起来产生的一类新的交换技术，统称为 IP 交换技术。

IP 交换是 Ipsilon 公司提出的专门用于 ATM 网上传输 IP 分组的技术。IP 交换技术是网络平台的一种关键交换技术，可以实现局域网与广域网的连接，已经广泛应用在数据通信网中。

IP 交换的核心是把输入的数据流分为两种类型：一种是持续期长、业务量大的用户数据流；另一种是持续期短、业务量小、呈突发分布的用户数据流。

持续期长、业务量大的用户数据流在 ATM 交换机中直接进行交换。多媒体数据常要求进行广播和多播通信，把这些数据流在 ATM 交换机中进行交换，也能利用 ATM 交换机的广播和多点发送功能。

持续期短、业务量小和呈突发分布的用户数据流，可以通过 IP 交换机控制器中的 IP 路由软件传输，即采用与传统路由器类似的存储-转发方式。这种方法省去了建立 ATM 虚连接的开销。

IP 交换的工作过程可以分为以下 4 步。

① 对默认信道上传来的数据分组进行存储、转发。

② 向上游节点发送改向消息。

③ 收到下游节点的改向消息。

④ 在 ATM 直通连接上传输分组。

IP 交换技术融合了 ATM 交换的高效性和 IP 选路的灵活性，但是 IP 交换技术仅限于支持 IP 的通信网络。IP 交换技术的主要特点有以下几个。

① IP 交换技术是一种数据驱动的标记技术，可以满足人们对长流或短流及突发信息业务的交换需要，实现简单，建立连接时延小。

② IP 交换技术综合了面向连接型和无连接型的优点，在呼入和呼出通道间建立虚通道所需时间短，直通链路建立前采用默认虚通道逐级转发。

③ 容错性能强。若某段连接虚通道失败或出现故障，则 IP 交换可以采用无连接分组转发方式选择正常路由以绕过故障。

④ IP 交换技术具有较强的多播能力，无须修改 IP，可直接采用 IP 多播路由协议将码流转发给多个目标地址。

习题

1. 相对于传统的铜导线介质传输，光纤传输具有哪些优点？
2. 简述无线电波的优缺点。
3. 简述 TDM 的原理。
4. 模拟信号转换为数字信号需要经过哪几步？
5. 抽样定理是什么？
6. 量化类型有几种？为提高小信号量化信噪比，一般采用什么方法？
7. 分组交换分为哪两种类型？简述其特点。

03

第3章 传输网

传输网是为各类业务网提供业务信息传输手段的基础设施，负责将业务各节点连接起来，并提供任意两点之间信息的透明传输，同时完成带宽的电镀管理、故障的自动切换保护管理等维护功能。

本章先介绍了光纤传输系统及几种不同的光纤传输网络，再对微波地面中继传输系统和卫星传输系统的概念及系统结构进行了介绍。

学习目标

◆ 掌握光纤通信系统的概念。

◆ 掌握 MSTP 传输网、DWDM 传输网、自动交换光网络、分组传输网和 IP RAN 的概念。

◆ 了解 MSTP 传输网、DWDM 传输网、自动交换光网络、分组传输网和 IP RAN 的结构。

◆ 了解微波地面中继传输系统和卫星传输系统。

3.1 光纤传输

光纤通信作为现代通信的主要传输手段，在现代通信网中起着重要的作用。20 世纪 90 年代以来，光纤通信已成为各国通信业务传输的主要手段，高速率、大容量的通信成为现实。本节主要介绍光纤通信和几种常用的光纤通信网络。

3.1.1 光纤通信简介

1. 光纤通信的基本概念

光纤通信是以光波作为信息载体，以光缆作为传输介质的一种通信方式。

光波属于电磁波的范畴。电磁波按照波长（或频率）的不同可以分为若干种，其中属于光波范畴的电磁波主要包括紫外线、可见光和红外线。目前，在光波范畴内用于光纤通信的实用工作波长在近红外区，即波长为 800～1800nm，对应的频率为 167～375THz。

光纤通信中传输光波的介质是光导纤维，简称光纤。目前使用的通信光纤为石英光纤，其基础材料是二氧化硅，因此光纤属于介质光波导的范畴。石英光纤在实用工作波长范围内有 3 个低损耗窗口，分别为 850nm、1310nm、1550nm。

2. 光纤通信系统的组成

由于光纤能够提供很大的传输带宽，为数字信号的传输提供了理想的传输通道，所以目前使用的光纤通信系统均为数字光纤通信系统。根据不同的用户要求、不同的业务种类及不同的技术水平阶段，数字光纤通信系统的形式多种多样。然而，其基本结构都采用了点到点的强度调制—直接检波的形式，主要由电发射机、光发射机、光纤、光接收机、电接收机及长途干线上必须设置的光中继器组成，如图 3-1 所示。

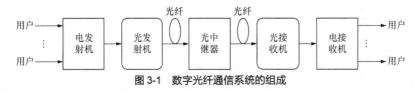

图 3-1 数字光纤通信系统的组成

在点到点的数字光纤通信系统中，主要部分的功能如下。

（1）光发射机

由电发射机输出的脉冲调制信号送入光发射机后，光发射机的主要作用是将电发射机发送的电信号转换成光信号并耦合到光纤中。光发射机中的重要器件是能够完成电-光转换功能的半导体光源，通常采用直接调制来实现电-光转换功能。

（2）光纤

光纤负责光信号的传输。由单模光纤制成的不同结构形式的光缆，因具有较好的传输特性而被广泛应用。

（3）光接收机

光接收机的主要作用是将通过光纤传输的光信号转换成电信号，然后对电信号进行处理，使其恢复为原来的脉冲调制信号并发送至电接收机。光接收机中的重要器件是能够完成光-电转换功能的光检测器。

（4）光中继器

当光缆的传输距离超过所允许的最大中继时，为了保证通信质量，需要在光接收机和光发射机之间的适当距离处增设光中继器，其主要形式有以下两种。

① 采用光-电-光转换形式的中继器，可提供电层上的信号放大、整形和定时提取功能。

② 只在光层上直接进行光信号放大的光放大器，并不具备波形和定时信号提取功能。

3. 光纤通信的特点

光纤通信技术之所以能够得到迅速的发展，主要是由其优越的特性决定的，具体包括以下几个方面。

（1）传输频带宽，通信容量大

光纤通信采用的光波频率为 $1.67 \times 10^5 \sim 3.75 \times 10^5$ GHz，在带宽利用率为 10% 的情况下，系统可用带宽为 16700～37500GHz，在如此高的频率范围内，可以获得极大的通信容量。

（2）中继距离长，传输损耗小

减小传输线路的损耗是实现长中继距离的首要条件。由于光纤具有极低的衰减系数，配以适当的光发射设备、光接收设备及光放大器，可使其中继距离达数百千米甚至数千千米。

（3）抗电磁干扰，信道串扰小

光纤中传输的是光信号，它不受电力线、雷电等的电磁影响。光波在光纤中传输时只在其芯区进行，基本没有光"泄漏"；即使弯曲半径很小，漏出的光波也十分微弱，因此信道串扰很小。

（4）体积小、重量轻，便于施工和维护

由于光纤的芯很细，因此光缆的直径很小，减小了通信系统所占的空间。光缆的敷设方式方便灵活，既可以直埋、管道敷设，又可以在水底或架空敷设。

（5）原材料来源丰富，潜在价格低廉

制造石英光纤的基本原材料为二氧化硅，而二氧化硅在大自然中几乎取之不尽、用之不竭，因此其价格十分低廉。

3.1.2　MSTP 传输网

1. MSTP 的概念

SDH 传输网主要用于传输 TDM 业务，然而，随着 IP 网的迅猛发展，多业务需求（特别是数据业务）的呼声越来越高，为了能够承载 IP 网、以太网等业务，多业务传输平台（Multi-Service Transport Platform，MSTP）应运而生。

MSTP 是指基于 SDH，同时实现 TDM、ATM、以太网等业务的接入、处理和传输，提供统一网管的多业务传输平台。它将 SDH 的高可靠性、ATM 严格的服务质量（Quality of Service，QoS）、统计时分复用及 IP 网的带宽共享等特征集于一身，可以针对不同 QoS 业务提供最佳传输方式。

MSTP 在 SDH 技术的保护恢复能力和确保的时延性能的基础上加以改造，以适应多业务。具体的实现方法是在传统的 SDH 传输平台上集成二层以太网、ATM 等处理功能，将 SDH 对实时业务的有效承载能力和网络二层（如以太网、ATM 网、弹性分组环等）乃至三层技术所具有的数据业务处理能力有机结合起来，以增强传输节点对多类型业务的综合承载能力。

2. MSTP 的特点

MSTP 具有以下特点。

（1）继承了 SDH 的优点

MSTP 继承了 SDH 技术良好的网络保护倒换性能、对 TDM 业务较好的支持能力等。

（2）支持多种物理接口

由于 MSTP 设备负责多种业务的接入、汇聚和传输，所以 MSTP 必须支持多种物理接口。

（3）支持多种协议

MSTP 对多种业务的支持要求其必须具有多种协议的支持能力。

（4）提供集成的数字交叉连接功能

MSTP 可以在网络边缘完成大部分数字交叉连接功能，从而节省传输带宽并省去核心层中数字交叉连接设备端口。

（5）具有动态带宽分配和链路高效配置能力

在 MSTP 中，可根据业务和用户的即时带宽需求，利用级联技术进行动态带宽分配和链路配置、维护与管理。

（6）能提供综合网络管理功能

MSTP 提供了对不同协议层的综合管理，便于网络的维护和管理。

3. MSTP 的功能模型

MSTP 的功能模型包含了 MSTP 的全部功能模块。在实际网络中，根据需要对若干功能模块进行组合，可以配置成与 SDH 的任何一种网元作用类似的 MSTP 设备。MSTP 的功能模型如图 3-2 所示。

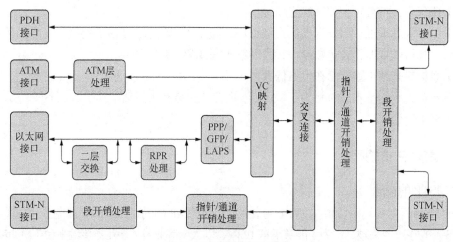

图 3-2　MSTP 的功能模型

（1）MSTP 的接口类型

基于 SDH 技术的 MSTP 所能提供的接口类型如下。

① 电接口类型，包括 PDH 的 2Mbit/s、34Mbit/s、140Mbit/s 等速率类型；155Mbit/s 的 STM-1 电接口；ATM 电接口；10Mbit/s、100Mbit/s 以太网电接口等。

② 光接口类型，主要有 STM-N 速率光接口、吉比特以太网接口等。

（2）MSTP 支持的业务

基于 SDH 的 MSTP 设备具有标准的 SDH 功能、ATM 处理功能、IP/以太网处理功能等，支持的业务有以下几种。

① SDH 业务。MSTP 节点应该能够满足 SDH 节点的基本功能，既能实现 SDH 信号的映

射、复用，又能满足级联、虚级联的业务要求，并提供级联条件下的虚容器（Virtual Container，VC）通道的交叉处理能力。

② ATM 业务。MSTP 设备中具有 ATM 用户接口，增加了 ATM 层处理模块。ATM 层处理模块的作用有两个。一是由于数据业务具有突发性的特点，所以业务流量是不确定的，如果为其固定分配一定的带宽，则势必会造成网络带宽的巨大浪费。二是 ATM 层处理模块用于对接入业务进行汇聚和收敛，汇聚和收敛后的业务再利用 SDH 网络进行传输。ATM 层处理功能模块可以利用 ATM 业务共享带宽特性通过 SDH 交叉连接模块，将共享 ATM 业务的带宽调度到 ATM 模块中进行处理，对本地的 ATM 信元与 SDH 交叉连接模块送来的来自其他站点的 ATM 信元进行汇聚共享带宽，其输出送往下一个站点。

③ 以太网业务。MSTP 设备中存在两种以太网业务的适配方式，即透传方式和采用二层交换功能的以太网业务适配方式。

a. 透传方式。以太网业务透传方式是指以太网接口的数据帧不经过二层交换，直接进行协议封装，映射到相应的 VC 中，然后通过 SDH 网络实现点到点的信息传输。

b. 采用二层交换功能的以太网适配方式。采用二层交换功能的以太网适配方式是指在将以太网业务映射到 VC 中之前，先进行以太网二层交换处理，这样可以把多个以太网业务流复用到同一以太网传输链路中，从而节约了局端端口和网络带宽资源。

4. MSTP 的级联技术

MSTP 为了有效承载数据业务，如以太网的 10Mbit/s、100Mbit/s 和 1000Mbit/s 速率的带宽数据业务，需要采用 VC 级联的方式。级联是将多个 VC 组合起来，形成一个容量更大的组合容器的过程。在一定机制下，组合容器可以当作仍然保持比特序列完整性的单个容器使用，以满足大容量数据业务传输的要求。

级联可以分为连续级联（也称相邻级联）和虚级联，其概念及表示如表 3-1 所示。

表 3-1 连续级联和虚级联的概念及表示

分类	概念	表示
连续级联	将同一 STM-N 帧中相邻的 VC 级联并当作一个整体在相同的路径上进行传输	VC-n-X_c
虚级联	使用多个独立的不一定相邻的 VC（可能位于不同的 STM-N 帧）级联，不同的 VC 可以像未级联一样分别沿不同路径传输，最后在接收端重新组合成为连续的带宽	VC-n-X_v

3.1.3 DWDM 传输网

1. DWDM 的概念

（1）DWDM 的基本概念

波分复用系统根据复用的波长间隔的大小，可分为稀疏波分复用（Coarse Wavelength Division Multiplexing，CWDM）和密集波分复用（Dense Wavelength Division Multiplexing，DWDM）。CWDM 系统的波长间隔为几十纳米（一般为 20nm）。DWDM 系统的波长间隔更加紧密。在 1550nm 窗口附近，波长间隔只有 0.8～2nm，甚至小于 0.8nm（目前一般为 0.2～1.2nm）。DWDM 系统在同一根光纤中传输的光载波路数更多，通信容量就会成倍提高，但其信道间隔小（WDM 系统中，每个波长对应一个逻辑信道），在实现上，其技术难度也比一般的 WDM 系统大一些。

（2）DWDM 系统的原理

DWDM 系统原理示意图如图 3-3 所示。

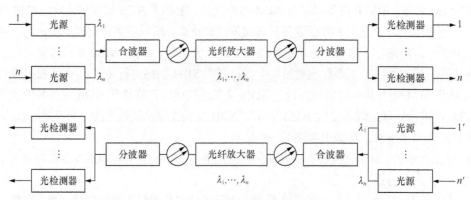

图 3-3　DWDM 系统原理示意图

其各部分的作用如下。

光源：将支路信号（电信号）调制到不同波长的光载波上，完成电-光转换。

合波器：将不同波长的光信号合在一起。

光纤放大器：对多个波长的光信号进行放大，增大衰减的光信号功率，延长光纤传输距离。

分波器：分开各波长的光信号。

光检测器：将光信号转换成电信号，完成光-电转换。

2. DWDM 技术的特点

DWDM 技术的特点如下。

（1）光合波器结构简单、体积小、可靠性高

目前，实际应用的光合波器是无源纤维光学器件，由于不含电源，所以器件具有结构简单、体积小、可靠、易于和光纤耦合等特点。

（2）充分利用光纤频带资源，超大容量传输

光纤具有巨大的频带资源（低损耗波段），但其利用率还很低。DWDM 技术使一根光纤的传输容量比单波长传输增加了几十倍甚至几百倍，从而增加了光纤的传输容量、降低了成本，具有很大的应用价值和经济价值。

（3）提供了透明的传输信道，具有多业务接入能力

波分复用信道的各波长相互独立、数据格式透明（与信号速率、电调制方式无关），可同时承载多种格式的业务信号；对于将来升级扩容、引入新业务极其方便，只要在 DWDM 系统中增加一个附加波长就可以引入任意所需的新业务形式，是一种理想的网络扩容手段。

（4）利用 EDFA 实现超长距离传播

掺铒光纤放大器（Erbium-Doped Fiber Amplifier，EDFA）具有高增益、大带宽、低噪声等优点，其增益曲线比较平坦的部分几乎覆盖了整个 DWDM 系统的工作波长范围。因此，利用 EDFA 即可对 DWDM 系统的波分复用信号进行放大，以实现系统的超长距离传输，可节省大量中继设备，从而降低成本。

（5）可更灵活地进行组网，适应未来光网络建设的要求

由于使用 DWDM 技术可以在不改变光缆设施的条件下调整光网络的结构，所以在组网设

计中极具灵活性和自由度，便于对网络功能和应用范围进行扩展。DWDM 光网络结构将沿着"点到点-链形-环形-多环-网状网"的方向发展。

（6）存在插入损耗和串光问题

光波分复用方式的实施主要是依靠波分复用器件来完成的，波分复用器件的使用会引入插入损耗，这就会降低系统的可用功率。另外，在一根光纤中不同波长的光信号会相互影响，造成串光，从而影响接收机灵敏度。

3. DWDM 系统结构

DWDM 系统结构如图 3-4 所示。DWDM 系统由光发射机、光中继放大器、光接收机、光监控信道和网络管理系统 5 部分组成。

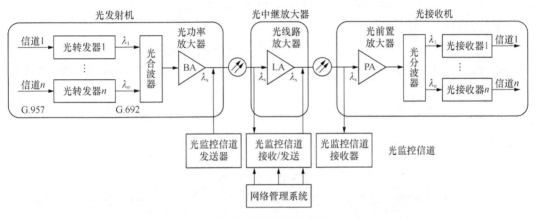

图 3-4　DWDM 系统结构

（1）光发射机

光发射机是 DWDM 系统的核心，除对发射激光器的中心波长有特殊的要求外，还需要根据 DWDM 系统的不同应用来选择具有一定色度色散容限的发射机。

① 光转发器：即光波长转换单元将非标准的波长转换为 ITU-T 所规范的标准波长。DWDM 系统中应用光-电-光的转换，即先用 PIN 型光电二极管（Photon Diode, PD）或者雪崩光电二极管（Avalanche Photon Diode, APD）把接收到的光信号转换为电信号，该电信号对标准波长的激光器进行调制，从而得到新的符合要求的光波长信号。

② 光合波器：波分复用器称为发送端的光合波器。光合波器用于传输系统的发送端，是一种具有多个输入端口和一个输出端口的器件，它的每一个输入端口输入一个预选波长的光信号，输入的不同波长的光波由同一个输出端口输出。

（2）光中继放大器

光中继放大器不仅可以直接对光信号进行放大，还具有实时、高增益、大带宽、在线、低噪声、低损耗的特点，是新一代光纤通信系统中必不可少的关键器件。目前使用的光中继放大器主要有 EDFA、半导体光放大器（Semiconductor Optical Amplifier, SOA）和拉曼光纤放大器（Roman Fiber Amplifier, RFA）等。其中，EDFA 以其优越的性能被广泛用于长距离、大容量、高速率的光纤通信系统中，作为功率放大器、线路放大器、前置放大器使用。

（3）光接收机

光接收机不仅要满足一般接收机对光信号灵敏度、过载功率等参数的要求，还需承受一定光噪声的信号，要有足够好的电带宽性能。光分波器用于传输系统的接收端，正好与光合波器相反，它具有一个输入端口和多个输出端口，将多个不同波长信号由不同输出端口输出。

（4）光监控信道

光监控信道是为 DWDM 的光传输系统的监控设立的。ITU-T 建议优先采用带外波长 1510nm 的信号。

（5）网络管理系统

网络管理系统对 DWDM 系统进行管理，实现配置管理、故障管理、性能管理、安全管理等功能，并与上层管理系统相连。

4. DWDM 的工作方式

DWDM 的工作方式有双纤单向传输和单纤双向传输两种。

（1）双纤单向传输

双纤单向传输是指一根光纤只完成一个方向光信号的传输，反向光信号的传输由另一根光纤来完成，因此，同一波长在两个方向可以重复利用。DWDM 的双纤单向传输方式如图 3-5 所示。

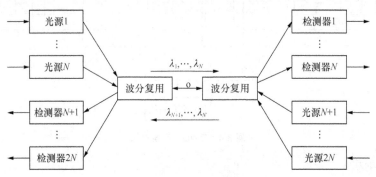

图 3-5　DWDM 的双纤单向传输方式

这种方式的优点是可以充分利用光纤的巨大频率资源，且同一根光纤上所有光信道的光波传输方向一致，对于同一个终端设备，收、发可以占用一个相同的波长；缺点是需要两根光纤实现双向传输，光纤资源利用率较低。

（2）单纤双向传输

单纤双向传输是指在一根光纤上实现两个方向光信号的同时传输，两个方向的光信号应安排在不同的波长上。DWDM 的单纤双向传输方式如图 3-6 所示。

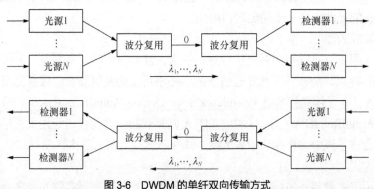

图 3-6　DWDM 的单纤双向传输方式

3.1.4　自动交换光网络

1. ASON 的概念

自动交换光网络（Automatically Switched Optical Network，ASON）也被称为智能光网络，是指在 ASON 信令网的控制下，完成光传输网内光网络连接的自动建立和交换的新型网络。ASON 引入了控制平面，以实现网络资源的实时按需分配，具有动态连接的能力，实现光通道的流量管理和控制，有利于及时提供各种新的增值业务。ASON 可以支持多种业务类型，能够为客户提供更快、更灵活的组网方式。

传统的光网络只包括传输平面和管理平面，ASON 最突出的特征是在传输网中引入了独立的智能控制平面，利用智能控制平面来完成网络连接的自动建立、资源（路由）的自动发现和保护恢复等，智能控制平面通过信令的交互完成对传输平面的控制。ASON 是集交换和传输为一体的、具备标准化智能的新一代光传输网。

2. ASON 的特点

与现有的光传输网相比，ASON 具有以下特点。

① 在光层实现动态业务分配，能根据业务需要提供带宽，是面向业务的网络，可实现实时的流量控制，网络可根据用户的需要，实时动态地调整网络的逻辑拓扑结构，以避免拥塞现象，从而实现网络资源的优化配置。

② 实现了控制平面与传输平面的分离，使所传输的客户信号的速率和采用的协议彼此独立。这样可支持多种客户层信号，适应多种业务类型。

③ 能实现路由重构，具有端到端的网络监控和保护恢复能力，保证其生存性。

④ 具有分布式处理能力。网元具有智能化的特性，可实现分布式管理，且结构透明，与所采用的技术无关，有利于网络的逐步演进。

⑤ 可为用户提供新的业务类型，如按需带宽业务等。

⑥ 能对所传输的业务进行优先级管理、路由选择和链路管理等。

3. ASON 的体系结构

ASON 的体系结构包括 3 个平面、3 个平面之间的接口及所支持的 3 种连接类型，如图 3-7 所示。

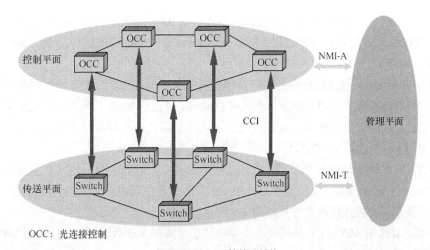

OCC：光连接控制

图 3-7　ASON 的体系结构

（1）ASON 的 3 个平面

ASON 包括 3 个平面：传输平面（Transport Plane，TP）、控制平面（Control Plane，CP）和管理平面（Management Plane，MP）。

① TP。TP 由一系列传输实体（光节点和链路）构成，是业务传输的通道，提供一个端点到另一个端点的双向或单向信息传输，而且能够监测链路状态，并将结果反馈给 CP。

TP 的功能是在 CP 和 MP 的作用之下完成的。CP 和 MP 都能对 TP 的资源进行操作。

② CP。CP 是 ASON 的核心平面，CP 由分布于各个 ASON 节点设备中的控制网元组成，而控制网元又主要由路由选择、信令转发及资源管理等功能模块构成，各个控制网元相互联系共同构成信令网络，用来传输控制信令信息。

CP 负责完成网络连接的动态建立及网络资源的动态分配。其控制功能包括呼叫控制、呼叫许可控制、连接管理、连接控制、连接许可控制、选路等。

③ MP。MP 的主要功能是建立、确认和监视光通道，并在需要时对其进行保护和恢复。ASON 的 MP 有 3 个管理单元：CP 管理单元、TP 管理单元和资源管理单元。MP 通过这 3 个管理单元对其他平面实现管理功能。

ASON 的 CP 与 MP 相辅相成，CP 的核心是实现对业务呼叫和连接的有效实时配置和控制，而 MP 则提供性能监测和管理。

（2）ASON 的 3 个平面之间的接口

ASON 的 3 个平面之间的交互接口为连接控制接口（Connection Control Interface，CCI）、网络管理 A 接口（Network Management Interface-A，NMI-A）和网络管理 T 接口（Network Management Interface-T，NMI-T）。

① CCI。在 ASON 体系结构中，CP 和 TP 之间的接口称为 CCI。其通过可传输连接控制信息，建立 TP 网元之间的连接。

② NMI-A。在 ASON 体系结构中，MP 和 CP 之间的接口称为 NMI-A。通过 NMI-A 可实现 MP 对 CP 的管理，主要对路由、信令和链路管理功能模块进行监视和管理。

③ NMI-T。在 ASON 体系结构中，MP 和 TP 之间的接口称为 NMI-T。MP 通过 NMI-T 实现对传输网络资源的基本配置管理、性能管理和故障管理等。

（3）ASON 的 3 种连接类型

根据不同的连接需求及不同的连接请求对象，ASON 定义了 3 种连接类型：永久连接（Permanent Connection，PC）、交换连接（Switched Connection，SC）和软永久连接（Soft Permanent Connection，SPC）。

① PC。PC 由用户通过用户网络接口直接向管理平面提出请求，由管理平面根据连接请求及网络可用资源情况预先计算并确定永久连接的路径，并通过 NMI-T 向网元发送交叉连接命令进行统一配置，最终通过 TP 完成连接建立。永久连接建立后的服务时间相对较长，不会频繁地更改连接状态，且没有 CP 的参与。永久连接建立过程如图 3-8 所示。

② SC。SC 是由通信的终端系统（或连接端点）向 CP 发起请求命令，CP 通过信令和协议控制 TP 建立端到端的连接。交换连接方式由 CP 内信令元件间动态交换信令信息，是一种实时的连接建立过程。交换连接建立过程如图 3-9 所示。

③ SPC。SPC 由 MP 和 CP 共同完成。网络的边缘提供了永久连接，该连接由 MP 来实现。网络内部提供了交换连接，该连接由 MP 向 CP 发起请求，并由 CP 来实现。软永久连接建立过

程如图 3-10 所示。

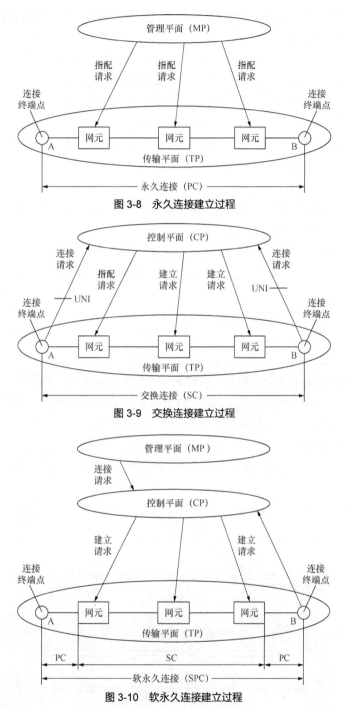

图 3-8 永久连接建立过程

图 3-9 交换连接建立过程

图 3-10 软永久连接建立过程

3.1.5 分组传输网

1. 分组传输网的概念

在通信业务 IP 化趋势的推动下,传输网承载业务从以 TDM 为主向以 IP 为主转变。传统的

TDM/SDH 独享管道的网络扩容模式难以支撑新的发展需求，分组传输网（Packet Transport Network，PTN）凭借丰富的业务承载类型、强大的带宽扩展能力和完备的服务质量保障能力，成为本地传输网的一种选择。

PTN 是指这样的一种光传输网络架构和具体技术：在 IP 业务和底层光传输介质之间设置了一个层面，它针对分组业务流量的突发性和统计复用传输的要求而设计；以分组业务为核心并支持多业务提供，具有更低的总体使用成本；同时秉承光传输的传统优势，包括高可用性和可靠性、高效的带宽管理机制和流量工程、便捷的 OAM 和网管、可扩展、较高的安全性等。简单来说，PTN 是指以分组为传输单位，以承载电信级以太网业务为主，兼容 TDM、ATM 和快速以太网业务的综合传输技术。

2. PTN 的特点

为了适应分组业务的传输，PTN 除了保留传统 SDH 传输网的一些基本特征外，还引入了针对分组业务的一些特征。PTN 的特点如下。

① 通过分层和分域提供了良好的网络可扩展性。

② 具有电信级的 OAM 能力，支持多层次的 OAM 及其嵌套，实现快速的故障定位、故障管理和性能管理等。

③ 可靠的网络生存性，支持快速保护倒换功能。

④ 不仅可以利用网络管理系统配置业务，还可以通过智能控制平面灵活地提供业务。

⑤ 针对分组业务的突发性，支持基于分组的统计复用功能。

⑥ 提供面向分组业务的 QoS 机制，同时利用面向连接的网络提供可靠的 QoS 保障。

⑦ 支持运营级以太网业务，通过电路仿真机制支持 TDM、ATM 等传统业务。

⑧ 通过分组网络的同步技术提供频率同步和时间同步功能。

3. PTN 的分层结构

PTN 的功能层次有 3 层，即 PTN 电路层、PTN 通路层和传输介质层。PTN 的各层功能结构如图 3-11 所示。

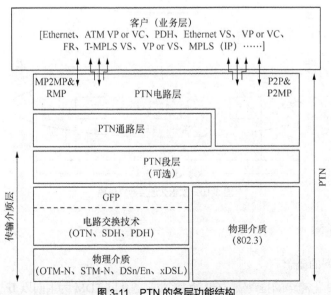

图 3-11　PTN 的各层功能结构

（1）PTN 电路层

PTN 电路层也称为分组传输信道（Packet Transport Channel，PTC）层，主要作用是将用户信号封装到虚信道（Virtual Channel，VC）中，并进行传输，为用户提供了端到端的传输，即端到端的性能监控和端到端的保护。

（2）PTN 通路层

PTN 通路层也称为分组传输通路（Packet Transport Path，PTP）层，主要作用是提供多个 VC 业务的汇聚，将 VC 封装、复用到虚通路（Virtual Path，VP）中，并进行传输和交换，提供可扩展性和业务生存性，如保护、回复、OAM 等。

（3）传输介质层

传输介质层包括 PTN 段（Package Transport Section，PTS）层和物理介质层，其中，PTS 层提供虚段（Virtual Section，VS）的信号的 OAM 功能，物理介质层可以采用以太网技术，也可以通过通用成帧规程（Generic Framing Procedure, GEP）协议架构在 PDH/SDH 上。

PTN 上面是业务层，包括以太网等分组业务及 PDH、SDH 等 TDM 业务。PTN 可以为这些业务提供点到点 "专线"、点到多点 "分发"、多点 "汇聚"、多点到多点 "任意到任意" 等方式的接入服务。

网络分层后，每一层网络依然比较复杂，地理上可能覆盖很大的范围。为此，在分层的基础上，可以将 PTN 分割为若干分离的部分，即分域。大的域又可以继续分割为多个小的子域。图 3-12 所示为某业务提供商的网络结构，该网络可分为若干层和若干域，并由不同网络运营商负责运营，这种网络的分层和分域使 PTN 具有了良好的可扩展性。

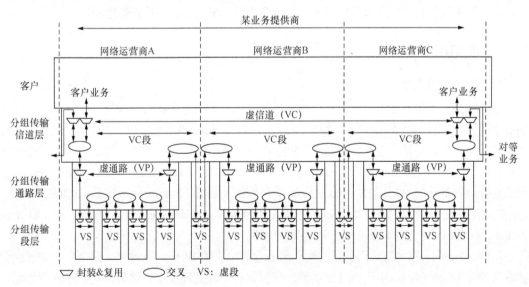

图 3-12　某业务提供商的网络结构

4. PTN 的功能平面

PTN 可以分为 3 个功能平面，即传输平面、控制平面和管理平面，如图 3-13 所示。

（1）传输平面

传输平面提供了两点之间的双向或单向的用户分组信息传输；提供了控制和网管信息传输；提供了信息传输过程中的 OAM 和保护恢复功能，即传输平面完成分组信号的传输、复用、交叉连接等功能；还能确保所传信号的可靠性。

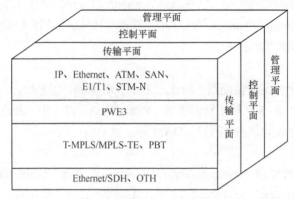

图 3-13　PTN 的 3 个功能平面

（2）控制平面

控制平面由提供路由和信令等特定功能的一组控制元件组成，并由一个信令网络支撑。控制平面的主要功能包括通过信令支持建立、拆除和维护端到端连接的能力；通过选路为连接选择合适的路由；网络发生故障时，执行保护和恢复功能；自动发现邻接关系和链路信息，发布链路状态信息。

（3）管理平面

管理平面执行传输平面、控制平面及整个系统的管理功能，同时提供这些平面之间的协同操作。管理平面执行的功能包括性能管理、故障管理、配置管理、计费管理和安全管理。

3.1.6　IP RAN

1. IP RAN 的概念

移动网络在演进过程中，其带宽瓶颈已经从手机基站的空中接口之间转移到基站与基站控制器之间，这一段网络为无线接入网络（Radio Access Network，RAN），也称移动回传网。移动回传是指在基站与基站控制器之间来回传递通信信息的过程。移动回传网在 2G 时代是指基站收发信机（Base Transceiver Station，BTS）到基站控制台（Base Station Controller，BSC）之间的网络；在 3G 时代指节点 B（NodeB）到无线网络控制器（Radio Network Controller，RNC）之间的网络；在长期演进系统阶段指演进型节点 B（Evolved NodeB，eNodeB）至核心网（Evolved Packet Core，EPC）之间和基站与基站之间的网络。

目前，Internet 技术与应用迅猛发展，通信业务加速了 IP 化、宽带化、综合化、智能化。在电信级业务的承载网络中引入三层功能，能够更有效地实现多业务承载，也可降低网络配置复杂度，快速调整业务路由，因此，侧重于三层路由功能的 IP 化的 RAN（IP Radio Access Network，IP RAN）兴起。

广义的 IP RAN 是实现 RAN 的 IP 化传输技术的总称，是指采用 IP 技术实现 RAN 的数据回传，即无线接入网 IP 化。目前普遍采用 IP/MPLS 技术的 RAN 承载方式称为 IP RAN（IP RAN 的狭义概念）。

IP RAN 的定位体现在以下几个方面。

（1）应用范围

IP RAN 是城域网内以基站回传为主，且能满足综合业务承载的路由器解决方案。

（2）技术核心

IP RAN 是路由器架构，采用 IP/MPLS 技术的路由协议、信令协议动态建立路由、转发路径，执行故障检测和保护等功能。

（3）业务承载方式

IP/MPLS 技术承载的业务主要包括基站回传业务及集团客户业务等，采用 MPLS VPN 承载、标签转发方式。

2. IP RAN 的特点

IP RAN 具有以下主要特点。

（1）端到端的 IP 化

端到端的 IP 化使得网络复杂度大大降低了，简化了网络配置，能极大地缩短基站开通、割接和调整的工作量。另外，端到端的 IP 化减少了网络中协议转换的次数，简化了封装解封装的过程，使得链路更加透明可控，实现了网元到网元的对等协作、全程全网的 OAM 及层次化的端到端 QoS。IP 化的网络还有助于提高网络的智能化，便于部署各类策略，发展智能管道。

（2）更高效的网络资源利用率

面向连接的 SDH 或 MSTP 提供的是刚性管道，容易导致网络利用率低下。基于 IP/MPLS 的 IP RAN 不再面向连接，而是采取了动态寻址方式，实现了承载网络内自动的路由优化，大大简化了后期网络维护和网络优化的工作量。与刚性管道相比，分组交换和统计复用能大大提高网络利用率。

（3）多业务融合承载

IP RAN 采用了动态三层组网方式，可以更充分地满足综合业务的承载需求，实现多业务承载时的资源统一协调和控制层面的统一管理，提升了运营商的综合运营能力。

（4）成熟的标准和良好的互通性

IP RAN 技术标准主要基于 Internet 工程任务组的 MPLS 工作组发布的 RFC 文档，已经形成成熟的标准文档百余篇。IP RAN 设备形态基于成熟的路由交换网络技术，大多是在传统路由器或交换机基础上改进而成，因此有着良好的互通性。

3. IP RAN 的结构

与其他本地传输网一样，IP RAN 也采用了分层结构，分为接入层、汇聚层和核心层，如图 3-14 所示。有些小型的 IP RAN 可以将汇聚层与核心层合二为一，称为核心汇聚层。

（1）接入层

IP RAN 接入层的主要作用是负责 2G/3G/4G 基站业务、集团客户业务等的接入。

接入层设备包括中国电信 A 设备（IP RAN 接入路由器）、中国联通基站侧网关（Cell Site Gateway，CSG）。

接入层组网结构主要有环形、树形双归和链形。一般采用环形结构，若光缆不具备环形条件，则可以采用链形结构，但应尽量避免长链结构。

（2）汇聚层

IP RAN 汇聚层主要负责接入层业务的汇聚和转发。

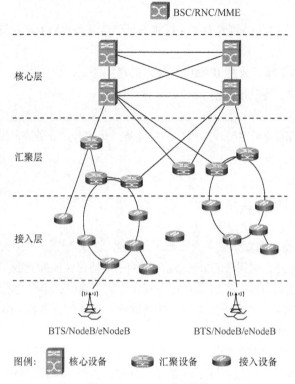

图 3-14　IP RAN 分层结构

汇聚层设备有中国电信 B 设备（IP RAN 汇聚路由器）、中国联通汇聚侧网关（Aggregation Site Gateway，ASG）。

汇聚层可以采用口字形、树形双归和环形方式与两个核心设备相连。

（3）核心层

IP RAN 核心层主要负责汇聚层业务转发，通过各类用户边缘（Customer Edge，CE）设备与 BSC/RNC/移动性管理实体（Mobility Management Entity，MME）对接，以及其他网络互连。

核心层设备包括中国电信边界路由器（Edge Router，ER）（相对于中国电信下一代承载网 CN2，中国电信将 IP RAN 的核心层设备称为 ER）、中国联通无线侧业务网关（Radio Service Gateway，RSG）。

核心层设备之间采用网状网、树形双归和口字形方式互连以保证可靠性，提高了业务转发效率。

3.2　微波地面中继传输

由于微波传播具有视距传播特性和损耗，因此需要采用中继方式。微波中继通信可以实现远距离通信，通信距离长达数千米甚至上万米。本节介绍微波中继通信及数字微波通信系统。

3.2.1　微波中继通信

1.　微波中继通信的概念

（1）频段划分

微波是一种电磁波，微波的频率为 300MHz～300GHz，我国现用微波分波段代号如表 3-2

所示，是全部电磁波频谱的一个有限频段。

表 3-2 我国现用微波分波段代号

波段代号	标称波长/cm	频率波长/GHz	波长范围/cm
L	22	1～2	15～30
S	10	2～4	7.5～15
C	5	4～8	3.75～7.5
X	3	8～12	2.5～3.75
Ku	2	12～18	1.67～2.5
K	1.25	18～27	1.11～1.67
Ka	0.8	27～40	0.75～1.11
U	0.6	40～60	0.5～0.75
V	0.4	60～80	0.375～0.5
W	0.3	80～100	0.3～0.375

其中，分米波的频率是 300MHz～3GHz，主要用于通信和电视广播。厘米波的频率是 3～30GHz，主要用于雷达、卫星通信、无线电导航。毫米波的频率是 30～300GHz，主要用于卫星通信。

利用微波作为载体的通信称为微波通信，基带传输信号为数字信号的微波通信是数字微波通信。一般基带信号调制在中频完成，再通过频率变换到微波频段，也可以在微波频段直接调制。

（2）微波中继通信

微波中继通信是利用微波作为载波，并采用中继方式在地面上进行连接的无线电通信。远距离地面微波中继通信系统如图 3-15 所示。

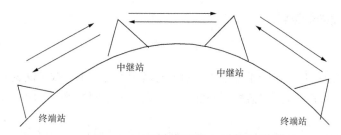

图 3-15　远距离地面微波中继通信系统

对于地面上的远距离微波通信，采用中继方式的原因有两个。一是微波传播具有视距传播特性。微波波长短，接近于光波，具有与光一样的传输特性。因此，微波在自由空间中只能沿直线传播，其绕射能力很弱，且在传播中遇到不均匀的介质时将产生折射和反射现象。二是微波传播有损耗，在远距离通信时有必要采用中继方式对信号逐段进行接收、放大和发送。

2. 微波中继通信的特点

微波中继通信有如下特点。

（1）通信频段的频带宽

微波频段占用频带 300GHz，而全部长波、中波和短波频段占有的频带总和不足 30MHz，前者是后者的 10000 多倍。一套微波中继通信设备可以容纳几千甚至上万条话路同时工作，或传输电视图像信号等宽频带信号。

（2）受外界干扰的影响小

工业干扰、天电干扰及太阳黑子的活动对微波频段通信的影响小（当通信频率高于 100MHz 时，这些干扰对通信的影响极小），但它们严重影响短波以下频段的无线电波的通信。因此，微波中继通信较稳定和可靠。

（3）通信灵活性较好

微波中继通信采用了中继方式，可以实现地面上的远距离通信，并且可以跨越沼泽、江河、湖泊和高山等特殊地理环境。在遭遇地震、洪水、战争等灾祸时，通信的建立、撤收及转移都较容易，灵活性比电缆通信更好。

（4）天线增益高、方向性强

当天线面积给定时，天线增益与工作波长的平方成反比。由于微波中继通信的工作波长短，因而容易制成高增益天线，降低发信机的输出功率。另外，微波具有直线传播特性，可以利用微波天线把电磁波聚集成很窄的波束，使微波天线具有很强的方向性，减少了通信中的相互干扰。

（5）投资少、建设快

在通信容量和质量基本相同的条件下，按每千米话路进行计算，微波中继通信线路的建设费用不到同轴电缆通信线路的一半，还可以节省大量有色金属，建设时间短。

（6）采用中继传输方式

由于微波波段的电磁波在视距范围内是沿直线传播的，考虑到地球表面的弯曲，传输距离一般只有 40～50km。因此，在长途传输中，采用"接力"的中继方式，经过若干次中继转发才能将信号送到接收端。

3.2.2　数字微波通信系统

1. 微波站

数字微波通信系统可以是一条主干线，中间有若干支线。主干线可以长达几百千米甚至几千千米，除了在线路末端设置微波终端站外，还要在线路中间每隔一定距离设置若干微波中继站和微波分路站。

微波站分为终端站、分路站、枢纽站和中继站。

（1）终端站

处于主干线两端或支线路终点的微波站称为终端站，在此站可上、下全部支路信号。

（2）分路站

处于微波线路中间，除了可以在本站上、下部分支路信号外，还可以连通干线上两个方向之间通信的微波站称为分路站。

（3）枢纽站

配有交叉连接设备，除了可以在本站上、下部分支路信号外，还可以连通干线上数个方向之间通信的微波站称为枢纽站。

（4）中继站

处于微波线路中间，不需要上、下支路信号的微波站称为中继站。

2. 微波通信系统的组成

微波通信系统的组成如图 3-16 所示。

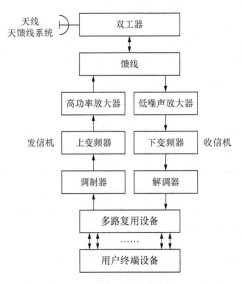

图 3-16 微波通信系统的组成

① 发信机：用于将具有基带电平的基带信号转变成大功率的射频信号，包括调制器、上变频器、高功率放大器。

② 收信机：用于将携有基带信号的射频信号转变为具有标称基带电平的基带信号，包括低噪声放大器、下变频器和解调器。

③ 天馈线系统：由馈线、双工器及天线组成。现在广泛使用的微波天线是卡塞格伦天线，它是一种具有双反射器的天线系统，由主反射器、副反射器和辐射源 3 部分组成。

④ 多路复用设备：把多个用户的电信号构成共享一个传输信道的基带信号。在发信机中调制器将基带信号调制到中频，再经上变频器调制到射频，也可直接调制到射频。

⑤ 用户终端设备：将各种信息变换成电信号。

3.3 卫星传输

卫星通信实际上是微波中继传输技术与空间技术的结合。微波中继站设在卫星上称为转发器，线路两端的终点站设在地球上称为地球站。因此，卫星通信系统由转发器和地球站两部分组成。本节介绍卫星通信和卫星通信系统的结构。

3.3.1 卫星通信简介

1. 卫星通信的概念

（1）卫星通信的定义

卫星通信是指地球上的无线电通信站之间利用空中的人造地球卫星作为微波中继站进行的通信，通信卫星就是用于通信的人造地球卫星。通信卫星中装有微波转发设备，它接收卫星地面站发射上去的微弱信号，经变频与放大等信号变换后转发给另一个无线电通信站，从而实现卫星通信。一颗通信卫星天线辐射的微波信号大约能覆盖地球上 1/3 的区域，3 颗通信卫星天线辐射的微波信号就可以覆盖地球上所有的无线电通信站，即可实现全球通信。

（2）卫星通信的工作频段

卫星通信工作频段的选择是十分重要的，直接影响了整个卫星通信系统的通信容量、质量、可靠性、设备的复杂程度和成本的高低，还影响与其他通信系统的协调。

目前考虑到各种传输因素，卫星通信工作频段如表 3-3 所示。

表 3-3 卫星通信工作频段

频段简称	上/下行频率/GHz
UHF 频段	0.4/0.2
L 频段	1.6/1.5
C 频段	6.0/4.0
X 频段	8.0/7.0
Ku 频段	14.0/12.0 14.0/11.0
Ka 频段	30.0/20.0

2. 卫星通信的特点

卫星通信的特点如下。

（1）通信距离远，且费用与通信距离无关

静止卫星最大的通信距离可达 1800km 左右，且建站费用和运行费用不因通信站之间的距离、两个通信站之间地面上自然条件的恶劣程度而变化。在远距离通信上，其比微波接力、短波通信有明显的优势。

（2）以广播方式工作，可以进行多址通信

通常，其他类型的通信只能实现点对点通信，而卫星是以广播方式进行工作的。在卫星天线波束覆盖的整个区域内的任何一点都可以设置地球站，这些地球站可共用一颗通信卫星来实现双边或多边通信，即实现多址通信。另外，一颗在轨卫星相当于在一定区域内铺设了可以到达任何一点的无数条无形电路，它为通信网络的组成提供了高效率和灵活性。

（3）通信容量大，适用多种业务传输

卫星通信使用了微波频段，可以使用的频带很宽。

（4）可自发自收进行监测

一般而言，发信端地球站同样可以接收到自己发出的信号，从而可以监视本站所发消息是否正确，以及传输质量的优劣。

（5）无缝覆盖能力

利用卫星通信，可以不受地理环境、气候条件和时间的限制，建立覆盖全球性的海陆空一体化通信系统。

（6）广域复杂网络拓扑构成能力

卫星通信具有高功率密度与灵活的多点波束能力，加上交换处理技术，可按优良的性价比提供宽广地域范围的点对点与多点对多点的复杂的网络拓扑构成能力。

3.3.2 卫星通信系统

1. 卫星通信系统的组成

卫星通信系统包括通信和保障通信的全部设备，一般由通信卫星、通信地球站分系统、跟踪遥测及指令分系统和监控管理分系统等 4 部分组成，如图 3-17 所示。

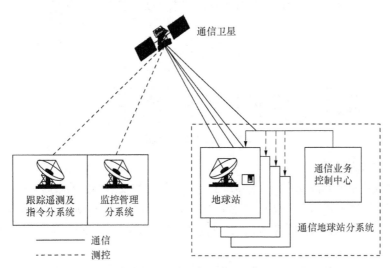

图 3-17　卫星通信系统的组成

（1）通信卫星

通信卫星主要包括通信系统、遥测指令装置、控制系统和电源装置（包括太阳能电池和蓄电池）等几个部分。通信系统是通信卫星上的主体，主要包括一个或多个转发器，每个转发器能同时接收和转发多个地球站的信号，从而起到中继站的作用。

（2）通信地球站分系统

通信地球站分系统的地球站是微波无线电收、发信站，用户通过它接入卫星线路，并进行通信。

（3）跟踪遥测及指令分系统

跟踪遥测及指令分系统负责对卫星进行跟踪测量，控制其准确进入静止轨道上的指定位置。卫星正常运行后，要定期对卫星进行轨道位置修正和姿态保持。

（4）监控管理分系统

监控管理分系统负责对定点的卫星在业务开通前、后进行通信性能的检测和控制，如对卫星转发器功率、卫星天线增益，以及各地球站发射的功率、射频频率和带宽等基本通信参数进行监控，以保证正常通信。

2. 卫星通信地球站

卫星与地面链路的连接由卫星通信地球站实现。卫星通信地球站主要由天线系统、高功率放大设备、低噪声接收设备、变频设备、调制解调设备等组成。卫星通信地球站如图 3-18 所示。

（1）天线系统

天线系统包括天线机械系统、馈源及天线跟踪。它是卫星通信地球站的主要设备之一，直接决定着卫星通信地球站的品质因素 G/T 值（即接收天线增益与噪声温度的比值）。天线的作用是将卫星通信地球站的发射功率有效地转换成电磁波的能量，并发向空间卫星，将空间卫星发出的极微弱的电磁波能量有效地转换成同频信号的高频功率反馈给接收机。天线系统具有高增益、低旁瓣、强辐射、低噪声等特点。

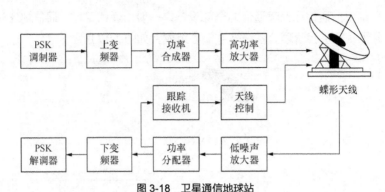

图 3-18　卫星通信地球站

（2）高功率放大设备

高功率放大设备又称高功率放大器，是卫星通信地球站发射部分的最后一级有源放大设备，是决定卫星通信地球站有效全向辐射功率能力的关键部件之一。目前，卫星通信地球站使用的高功率放大器主要有速调管高功率放大器、行波管高功率放大器和固态功率放大器。

（3）低噪声接收设备

低噪声接收设备又称低噪声放大器，是卫星通信地球站接收分系统的第一级放大器。低噪声放大器应当具有较低的噪声温度、足够的带宽、较大的放大倍数等特点。由于卫星通信地球站系统噪声温度基本上是天线噪声温度与低噪声放大器的噪声温度之和，因此低噪声放大器的噪声温度的大小直接决定了地球站系统噪声温度的大小，与卫星通信地球站的 G/T 值有着密切的关系。

（4）变频设备

上、下变频器是用来在射频与中频之间进行频谱搬移的变频设备。利用上、下变频器进行频谱搬移，还可以很容易地将已调信号放在所分配的射频频率位置上，从而使调制器、解调器规格统一。对上、下变频器的要求是无失真地进行频谱搬移。

（5）调制解调设备

来自地球的模拟或数字信号需经过某种方式调制后才能向空间进行传输，以提高信号传输信噪比及抗干扰能力。目前使用的调制解调设备有两类：一类是调频调制解调器，多用于模拟信号的调制解调；另一类是调相调制解调器，一般是数字信号对载波的相位进行调制。

3. 卫星通信系统的传输方式

卫星通信系统的多址传输方式是卫星通信最具特点的工作方式。按信道分配或用户信息的接入方式，可分为固定分配多址方式和动态分配多址方式两大类。

（1）固定分配多址方式

① 频分多址（Frequency Division Multiple Access，FDMA）：不同的地球站占用不同的频率，即采用不同的载波，适用于点对点大容量的通信。

② 时分多址（Time Division Multiple Access，TDMA）：所有地球站占用同一频带，但占用不同的时隙。与 FDMA 相比，TDMA 不会产生互调干扰，不需要上下变频把各地球站信号分开，

适合数字通信。TDMA 可根据业务量的变化进行按需分配，可采用数字语音插空等新技术使容量成倍增加。

③ 码分多址（Code Division Multiple Access，CDMA）：不同的地球站占用同一频率和同一时隙，但用不同的随机码来区分不同的地址。它采用了扩展频谱通信技术，具有较强的抗干扰能力和较好的保密通信能力，可灵活调度话路，但频谱利用率较低，适用于容量小、分布广、有一定保密要求的系统。

④ 多载波多址：分为多载波时分多址和多载波码分多址，是前 3 种方式的结合，卫星转发器上有多个载波工作，每一个载波传输的是 TDMA 或者 CDMA 信号。

（2）动态分配多址方式

动态分配多址方式是一种按用户申请动态分配卫星信道的工作方式，能够充分有效地利用卫星资源，为系统运行提供了极好的灵活性。

习题

1. 简述光纤通信系统的组成。
2. 简述 MSTP 的相邻级联与虚级联的区别。
3. DWDM 技术的优势是什么？
4. ASON 技术中连接平面的接口有哪些？
5. PTN 结构分为哪几层？
6. 在 IP RAN 分层结构中，各层的设备有哪些？
7. 简述数字微波中继通信系统的优点。
8. 卫星通信系统由哪几部分组成？

04

第 4 章　宽带接入网

随着通信技术的突飞猛进，通信业务向 IP 化、宽带化、综合化和智能化方向迅速发展，如何满足用户需求、将多样化的通信业务高效、灵活地接入核心网，是迫切需要解决的问题，因此接入网成为网络应用和建设的热点。

本章先介绍了接入网，再介绍了有线宽带接入网和无线宽带接入网的相关内容。

学习目标

◆ 掌握接入网的概念。

◆ 掌握有线宽带接入网技术。

◆ 掌握无线宽带接入网技术。

4.1　接入网概述

接入网是由业务节点接口（Service Node Interface，SNI）和相关用户网络接口（User Network Interface，UNI）之间的一系列传输实体组成的、为通信业务提供所需传输承载能力的实施系统。本节主要介绍接入网的基本概念，分析接入网的接口、接入网的功能结构及接入网的种类。

4.1.1　接入网

1．接入网的产生

接入网又称用户接入网，是指骨干网络到用户终端之间的所有设备。其长度一般为几百米到几千米，因而被形象地称为信息高速公路的"最后一公里"。

接入网由用户环路发展而来。传统的电信网是以电话业务为主而设计的，由长途网和本地网组成，从本地交换机到用户一般使用铜双绞线作为传输介质，中间经交接箱和分线盒等配线及引入线与用户终端相连，称为用户环路。传统的用户环路网络结构如图 4-1 所示。

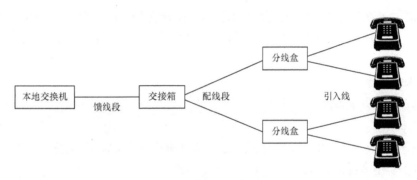

图 4-1　传统的用户环路网络结构

接入网产生的原因主要有以下 3 个方面。

（1）铜双绞线的缺陷

本地交换局与用户电话之间的双绞线主要用于传输音频信号和低速数字信号。以前的通信业务以电话为主，数据量小。这种结构在主干段需要大量铜缆，不仅占用了大量通信管道，故障率和维护费用也很高。这种网络的带宽小，只有 4kHz，不利于提供新的带宽业务。铜传输损耗比较大，使得交换机覆盖半径小，一般小于 5km。除此之外，金属电缆接入网由于受损耗、串音、噪声和分支的影响而引起了信号失真，传输质量达不到数字化传输的要求。

（2）核心网络的高速发展

公用电信网络在传统上划分为 3 个部分，即长途网（长途端局以上的部分）、中继网（长途端局与市局或市局之间的部分）、用户接入网（长途端局与用户之间的部分）。将长途网和中继网放在一起，称为核心网；将余下的部分称为接入网或用户环路，主要完成用户接入核心网的任务。

（3）业务的需求

电信网经过多年的发展，其业务发生了巨大的变化，特别是随着 Internet 的迅速发展，在 Internet 上的商业应用和多媒体等服务也得以迅速推广。要使用 Internet 上的各种服务，用户必须以某种方式接入网络。通信业务的多样化及各种复用设备、数字交叉连接设备等的引入，要求传统的用户环路增加复用、集中、交叉连接及管理功能，接入网应运而生。

2. 接入网的定义

接入网是电信网的组成部分之一，负责将通信业务传输到用户端，即用户通过接入网的传输，能灵活地接入不同的通信业务节点（Service Node，SN）。接入网在电信网中的位置如图 4-2 所示。

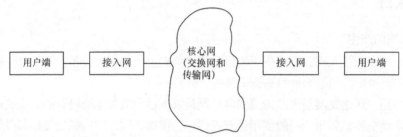

图 4-2　接入网在电信网中的位置

SN 是提供业务的实体，是一种可以接入各种交换型或半永久连接通信业务的网元。提供规定业务的 SN 可以是本地交换机、租用线 SN，也可以是路由器特定配置情况下的点播电视和广播电视 SN 等。

3. 接入网的特点

接入网主要有以下特点。

（1）成本敏感

接入网直接面向用户，数量较多、规模庞大，其建设和维护成本与所选技术有很大的相关性。

（2）业务类型多样化、数据化

目前应用比较广泛的是宽带接入网，它可以承载语音接入、数据接入和多媒体接入等多种综合业务。

（3）业务特性的不对称性和突发性

宽带接入网传输的业务大多是数据业务和图像业务，这些业务是不对称的，而且突发性很大，上下行需要采用不等的带宽。因此，如何动态分配带宽是接入网的关键技术之一。

4.1.2　接入网的接口

接入网主要有 3 种接口，即 UNI、SNI 和维护管理接口（Q3 接口）。接入网所覆盖的范围由这 3 个接口界定，接入网的接口如图 4-3 所示。

1. UNI

UNI 位于接入网的用户侧，是用户终端设备与接入网之间的接口，支持各种业务的接入。对不同的业务采用不同的接入方式，对应不同的接口类型。UNI 分为独立式和共享式两种。UNI 主要包括模拟 2 线音频接口、64kbit/s 接口、2.048Mbit/s 接口、综合业务数字网（Integrated

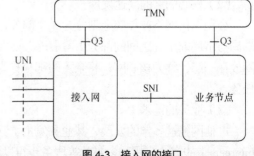

图 4-3　接入网的接口

Services Digital Network，ISDN）基本速率接口（Basic Rate Interface，BRI）和基群速率接口（Primary Rate Interface，PRI）等。

2. SNI

SNI 位于接入网的业务侧，是接入网与 SN 之间的接口。SNI 对于不同的用户业务提供相对应的接口类型，使其能与交换机连接。SNI 主要有以下 2 种。

（1）模拟接口（即 Z 接口）

Z 接口对应 UNI 的模拟 2 线音频接口，提供普通话业务或模拟租用线业务。

（2）数字接口（即 V5 接口）

V5 接口作为一种标准化的、完全开放的接口，用于接入网数字传输系统和数字交换机之间的配合。V5 接口能支持公用电话网、ISDN（窄带、宽带）、帧中继网、分组交换网等。V5 接口包括 V5.1 接口、V5.2 接口及支持带宽 ISDN 业务接入的 VB5 接口。各种 V5 接口的特点及支持的业务如表 4-1 所示。

表 4-1 各种 V5 接口的特点及支持的业务

分类	特点	支持接入的业务
V5.1 接口	由一个 2.048Mbit/s 链路组成，AN 不含集线功能，没有通信链路保护功能	PSTN 接入、ISDN 基本速率及接入等
V5.2 接口	支持 1～16 个 2.048Mbit/s 链路，AN 具有集线、时隙动态分配功能，可提供专门的保护协议进行通信链路保护	除了支持 V5.1 的业务外，还可支持 ISDN 基群速率接入
VB5 接口	包括 VB5.1 和 VB5.2	窄带 ISDN 业务的接入； 宽带 ISDN 业务的接入； 广播业务的接入； 不对称多媒体业务的接入

3. Q3 接口

Q3 接口是接入网与电信管理网（Telecommunication Management Network，TMN）的接口。可以把接入网的管理纳入整个 TMN 管理范畴，使 TMN 通过 Q3 接口实现对接入网的 OAM 功能，在不同的网元之间进行协调，从而提供用户所需要的接入和承载能力。

4.1.3 接入网的功能结构

接入网的功能结构如图 4-4 所示。接入网的功能结构分为 5 个基本功能，分别为用户口功能（User Port Function，UPF）、业务口功能（Service Port Function，SPF）、核心功能（Core Function，CF）、传输功能（Transfer Function，TF）和接入网系统管理功能（Access Network System Management Function，AN-SMF）。

1. UPF

UPF 的主要作用是将特定的 UNI 要求与核心功能和管理功能相适配，其主要功能如下。

① 终结 UNI 功能。

② A/D 转换和信令转换。

③ UNI 的激活/去激活。

④ UNI 的承载通路/承载能力的处理。

⑤ UNI 的测试和 UPF 的维护。

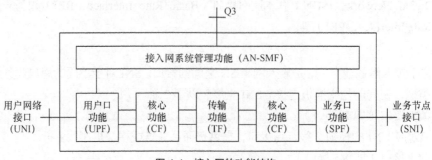

图 4-4　接入网的功能结构

⑥ 管理和控制功能。

2．SPF

SPF 的主要作用是将特定 SNI 规定的要求与公用承载通路相适配，以便核心功能进行处理，同时负责选择有关的信息以便在接入网系统管理功能中进行处理，其主要功能如下。

① 终结 SNI 功能。

② 将承载通路的需要和即时的管理及操作需要映射到核心功能中。

③ 对特定的 SNI 所需要的协议进行协议映射。

④ SNI 的测试和 SPF 的维护。

⑤ 管理和控制功能。

3．CF

CF 处于 UPF 和 SPF 之间，主要作用是负责将个别用户承载通路或业务口承载通路的要求与公用传输承载通路相适配，具体的核心功能如下。

① 接入承载通路的处理。

② 承载通路集中。

③ 信令和分组信息复用。

④ ATM 传输承载通路的电路模拟。

⑤ 管理和控制功能。

4．TF

TF 可为所用传输介质提供适配功能，主要功能如下。

① 复用功能。

② 交叉连接功能。

③ 管理功能。

④ 物理介质功能。

5．AN-SMF

AN-SMF 的主要作用是协调接入网内的 UPF、SPF、CF 和 TF 的指配、操作及维护，还负责协调终端（经 UNI）和业务节点（经 SNI）的操作功能，主要功能如下。

① 配置和控制功能。

② 指配协调功能。

③ 故障检测和指示功能。

④　用户信息和性能数据收集功能。

⑤　安全控制功能。

⑥　对 UPF 和 SN 协调的即时管理和操作功能。

⑦　资源管理控制。

AN-SMF 经 Q3 接口与 TMN 通信，以便接受监视或接受控制，同时，为了实时控制，经 SNI 与 SN 进行通信。

4.1.4　接入网的分类

接入网的分类方法有很多种，主要的分类方法有以下几种。

1. 按照传输介质分类

根据所采用的传输介质，接入网可以分为有线接入网和无线接入网。

（1）有线接入网

接入网采用有线传输介质，又可以分为以下几种。

①　铜线接入网。铜线接入网采用铜双绞线作为传输介质，具体包括高速率数字用户线（High-speed Digital Subscriber Line，HDSL）、非对称数字用户线（Asymmetric Digital Subscriber Line，ADSL）、ADSL2、ADSL2+及甚高速数字用户线（Very High-speed Digital Subscriber Line，VDSL）接入网。

②　光纤接入网（Optical Access Network，OAN）。光纤接入网是指在接入网中采用光纤作为主要传输介质来实现信息传输的网络形式。根据网络传输设施中是否采用有源器件，OAN 分为有源光网络（Active Optical Network，AON）和无源光网络（Passive Optical Network，PON）。

③　混合接入网。混合接入网采用了两种或两种以上的传输介质。目前主要有以下两种。

混合光纤同轴电缆（Hybrid Fiber Coaxial，HFC）接入网是在有线电视（Cable Television，CATV）网的基础上改造而来的，其干线部分采用了光纤，配线网部分采用了同轴电缆。

FTTx+LAN 接入网也称以太网接入，是指光纤加交换式以太网的方式实现用户高速接入 Internet。以太网内部的传输介质大都采用了双绞线，而以太网出口的传输介质是光纤。

（2）无线接入网

无线接入网是指从 SNI 到用户终端全部或部分采用无线方式，即利用卫星、微波及超短波等传输手段向用户提供各种通信业务的接入系统。

无线接入网又可以分为固定无线接入网和移动无线接入网。

①　固定无线接入网。固定无线接入网主要为固定位置的用户或仅在小区内移动的用户提供服务，主要包括本地多点分配业务（Local Multipoint Distribution Services，LMDS）、无线局域网（Wireless Local Area Network，WLAN）、全球微波接入互操作性（Worldwide Interoperability for Microwave Access，WiMAX）等。

②　移动无线接入网。移动无线接入网主要为移动用户提供各种通信业务，包括蜂窝移动通信系统、卫星移动通信系统和 WiMAX 系统等。其中，WiMAX 系统既可以实现固定无线接入，又可以实现移动无线接入。

2. 按照传输信号的形式分类

按照传输信号的形式，接入网可以分为数字接入网和模拟接入网。

（1）数字接入网

数字接入网中传输的是数字信号，如 HDSL 接入网、光纤接入网、以太网接入网等。

（2）模拟接入网

模拟接入网中传输的是模拟信号，如 ADSL 接入网、VDSL 接入网等。

4.2　有线接入网

采用有线传输介质的接入网称为有线接入网，有线接入网根据不同的传输介质有多种类别。本节介绍几种典型的有线接入网，包括铜线接入网、光纤接入网和混合接入网。

4.2.1　铜线接入网

1．HDSL

HDSL 利用两对双绞线实现数据的双向对称传输，传输速率为 2048kbit/s/1544kbit/s（E1/T1），每对电话线传输速率为 1168kbit/s，使用 24 美国线缆规程（American Wire Gauge，AWG）双绞线（相当于 0.51mm）时，传输距离可以达到 3.4km，可以提供标准 E1/T1 接口和V.35 接口。

（1）HDSL 技术的特点

① 可在现成的无加感线圈的铜双绞线对上以全双工方式传输 1.544Mbit/s 和 2.048Mbit/s 数据信息。

② HDSL 采用了先进的电子技术，具备有数字信号处理的超大规模专用集成电路芯片，可以均衡各种频率的线路衰减，并使用了回波抵消技术来减小串音，比一般的调制解调器的适应性更好。

③ HDSL 具有可靠的传输特性，能够在 2 对线 HDSL 系统中的 1 对铜双绞线上实现高达768kbit/s 的双向高速传输速率，其吞吐量为基本 ISDN 的 6 倍。

④ HDSL 信号同其他数字信号和普通电话信号互不干扰。

（2）HDSL 技术的优点

① 不需要加装中继器及其他相应的设备。

② 不必拆除线对原有的桥接配线。

③ 不需要仔细挑选线对，或者把各 T1/E1 线对安排在不同的屏蔽束内。

④ 提高了运行可靠性和传输质量。

（3）HDSL 技术的应用

① 企业的综合业务。企业需要综合的语音和数据业务。对于中小企业来说，HDSL 可以提供经济实用的解决方案。

② 专用 T1 线路。HDSL 用来连接企业所在地的视频会议线路或者帧中继/ATM 线路。

③ 视频会议系统。HDSL 能够进行高质量的视频会议数据传输。

④ 局域网互连。HDSL 的对称带宽可支持较远距离的企业局域网互连。

2．ADSL

ADSL 是一种通过现有普通电话线为家庭、办公室提供宽带数据传输服务的技术。

（1）ADSL 技术的特点

① ADSL 技术可以充分利用现有的电话线网络，在线路两端加装 ADSL 设备即可为用户提供高宽带服务。安装 ADSL 也极其方便快捷。在现有的电话线上安装 ADSL，除了在用户端安装 ADSL 调制解调器外，不用对现有线路做任何改动。ADSL 设备随用随装，无须进行严格的业务预测和网络规划，操作简单、时间短，工程初期投资小。

② ADSL 能够在现有的普通电话线上提供 1.5～9Mbit/s 的高速下行速率，远高于 ISDN 的速率；而上行速率最高达 1Mbit/s，传输距离达 3～5km。这种技术固有的非对称性非常适用于 Internet 网页浏览，因为浏览 Internet 网页时，要求下行信息比上行信息的速率更高。

③ 改进的 ADSL 具有速率自适应功能。这样就能在线路条件不佳的情况下，通过调低传输速率来实现"始终接通"。

④ ADSL 可以与普通电话共存于一条电话线上，在一条普通电话线上接听、拨打电话的同时也可进行 ADSL 传输，两者互不影响。

⑤ 用户通过 ADSL 接入宽带多媒体信息网和 Internet，可以收看影视节目，同时以很高的速率下载文件，还可以在同一条电话线上使用电话而不影响前两项活动。

随着 ADSL 技术的发展，"ADSL 论坛"及一些标准机构将 ADSL 速率提高到了 52Mbit/s，甚至 155Mbit/s，即高速 ADSL 技术（VADSL），用于接入网中最后一段的连接。VADSL 技术的下行速率依据不同的接入距离可达 13Mbit/s、26Mbit/s、52Mbit/s 及 155Mbit/s，上行速率可达 1.5～2Mbit/s。但其传输距离只有 0.1（155Mbit/s）～1km（13Mbit/s）。

（2）基于 ADSL 技术的宽带接入网模型

基于 ADSL 技术的宽带接入网模型主要由局端设备和用户端设备组成，如图 4-5 所示。局端设备与用户端设备完成 ADSL 频带的传输、调制解调，局端设备还可完成多路 ADSL 信号的复用，并与骨干网相连。语音分离器是无源器件，在停电期间，普通电话可照常工作。语音分离器由高通和低通滤波器组成，能将 ADSL 频带信号与语音频带信号进行合路与分离。这样，ADSL 的高速数据业务与语音业务即可互不干扰。

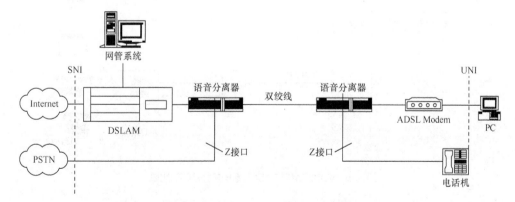

图 4-5　基于 ADSL 技术的宽带接入网模型

（3）ADSL 技术的应用

① Internet 快速接入，使得直行速度达 7.1Mbit/s，是普通电话线的 200 倍，且可以在公司局域网内使用。

② 视频点播、网上游戏、电视交互、网上购物等宽带多媒体服务。

③ 远程 LAN 接入、远程办公室、远程医疗、远程教学、远程可视会议、体育比赛现场传输等。

3. VDSL

VDSL 是更高速的新一代 DSL 技术，VDSL 采用与 ADSL 相似的数字处理技术，但为了高速传输需要更复杂的调制方式，在双绞线上也要使用更高的频带，要求有很好的信道特性。线路的长度对信道特性具有重要影响，因此，VDSL 系统的传输速率和传输距离是密切相关的，如表 4-2 所示。可见 VDSL 与 ADSL 相比有更高的传输速率，但接入距离短得多。

表 4-2　　　　　　　ITU-T 规定的 VDSL 系统的传输速率和传输距离的关系

传输距离	下行速率/（Mbit/s）	上行速率/（Mbit/s）	距离/m
非对称（短距离）	52	6.4	300
非对称（中距离）	26	3.2	1000
非对称（长距离）	13	1.6	1500
对称（短距离）	26	26	300
对称（中距离）	13	13	1000
对称（长距离）	6.5	6.5	1500

VDSL 的接入距离很短，因此 VDSL 不是从局端直接用双绞线连接到用户端的，而是靠近局端时先通过光纤传输，再经光网络单元进行光-电转换，最后经过双绞线连接到用户。图 4-6 所示为 VDSL 系统与 ADSL 系统拓扑结构的比较。

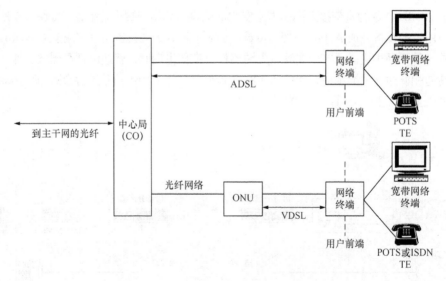

图 4-6　VDSL 系统与 ADSL 系统拓扑结构的比较

4.2.2　光纤接入网

1. 光纤接入网的概念

（1）光纤接入网的定义

光纤接入网是采用光纤传输技术的接入网，一般指本地交换机与用户之间采用光纤或部分采用光纤进行通信的接入系统。

（2）光纤接入网的分类

光纤接入网根据传输设施中是否采用有源器件而分为 AON 和 PON。

① AON。AON 的传输设备采用了有源器件。

② PON。PON 中的传输设备由无源器件组成。根据采用的技术不同，PON 又可以分为以下几种。

a. ATM 无源光网络（ATM Passive Optical Network，APON）：基于 ATM 技术的无源光网络，后更名为宽带无源光网络（Broadband Passive Optical Network，BPON）。

b. 以太网无源光网络（Ethernet Passive Optical Network，EPON）：基于以太网技术的无源光网络。

c. 吉比特无源光网络（Gigabit Passive Optical Network，GPON）：BPON 的一种扩展。

AON 比 PON 传输距离长、传输容量大、业务配置灵活，但是 AON 成本高、需要供电系统、维护复杂；而 PON 结构简单、易于扩容和维护，所以 PON 得到了广泛应用。

（3）光纤接入网的功能参考配置

ITU-T G.982 建议给出的光纤接入网的功能参考配置如图 4-7 所示。

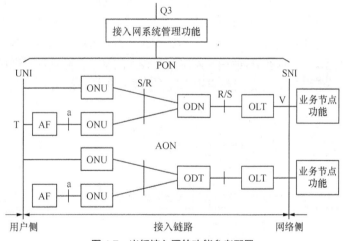

图 4-7　光纤接入网的功能参考配置

① 光纤接入网主要包含如下配置。

a. 4 种基本功能模块：光线路终端（Optical Line Terminal，OLT）、光网络单元（Optical Network Unit，ONU）、光分配网络（Optical Distribution Network，ODN）/光配线终端（Optical Distribution Terminal，ODT）、接入网系统管理功能模块。

b. 5 个参考点：光发送参考点 S、光接收参考点 R、与业务节点间的参考点 V、与用户终端间的参考点 T、AF 与 ONU 间的参考点 a。

c. 3 个接口：Q3、UNI 和 SNI。

② 各基本功能模块的功能如下。

a. OLT 具有光-电转换、传输复用、数字交叉连接及管理维护等功能，实现接入网到网络侧的连接。

b. ONU 具有光-电转换、传输复用等功能，实现与用户终端设备的连接。

c. ODN/ODT 是光纤接入网中的传输设备，为 ONU 和 OLT 提供了光传输通道作为其间的物理连接。

AON 中的传输设备为 ODT（含有源器件），即 AON 由 OLT、ONU、ODT 构成。PON 中的传输设备为 ODN，全部由无源光器件组成，主要包括光纤、光连接器、无源光分路器（Optical Branching Device，OBD）和光纤接头等。

d. 接入网系统管理功能模块。接入网系统管理功能模块负责对光纤接入网进行维护管理，其管理功能包括配置管理、性能管理、故障管理、安全管理及计费管理。

（4）PON 的拓扑结构

在光纤接入网中，ODN/ODT 的配置一般是点到多点方式，即多个 ONU 通过 ODN/ODT 与一个 OLT 相连。多个 ONU 与一个 OLT 的连接方式决定了光纤接入网的结构。

由于 PON 比 AON 应用范围更广，所以这里介绍的是 PON 的拓扑结构，一般为星形、树形和总线型结构。

① 星形结构。星形结构包括单星形结构和双星形结构。

单星形结构是指用户端的每一个 ONU 分别经过一根或一对光纤与 OLT 相连，形成以 OLT 为中心向四周辐射的连接结构，如图 4-8 所示。此结构的特点如下：在光纤连接中不使用光分路（分光器），不存在由分光器引入的光信号衰减，网络覆盖范围大；采用相互独立的光纤信道，ONU 之间互不影响且保密性好，易于升级；光缆需求量大，光纤和光源无法共享，所以成本较高。

双星形结构是单星形结构的改进，多个 ONU 均连接到 OBD，并通过一根或多根光纤与 OLT 相连，如图 4-9 所示。双星形结构适用于网络直径较大的网络，而且具有维护费用低、易于扩容升级、业务变化灵活等优点，是目前应用比较广泛的一种拓扑结构。

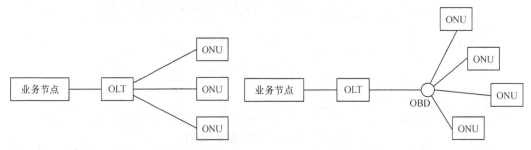

图 4-8　单星形结构　　　　　　　　　　　图 4-9　双星形结构

② 树形结构。树形结构是星形结构的扩展，如图 4-10 所示。连接 OLT 的第 1 级 OBD 将光信号分成 n 路，下一级连接第 2 级 OBD 或直接连接 ONU，最后一级的 OBD 连接 n 个 ONU。树形结构的特点如下：线路维护容易；不存在雷电及电磁干扰，可靠性高；由于 OLT 的一个光源给所有 ONU 提供了功率，光源的功率有限，因此限制了所连接 ONU 的数量及光信号的传输距离。

③ 总线型结构。光纤接入网的总线型结构如图 4-11 所示。这种结构适用于沿街道、公路线状分布的用户环境。其通常采用非均匀分光的 OBD 沿线状排列。OBD 从光总线中分出 OLT 传输的光信号，将每个 ONU 传出的光信号插入光总线。这种结构的特点如下：非均匀的 OBD 只为总线引入少量的损耗，并且只从光总线中分出少量的光功率；由于光纤线路存在损耗，使得在靠近 OLT 和远离 OLT 处接收到的光信号强度有较大差别，因此对 ONU 中光接收机的动态范围要求较高。

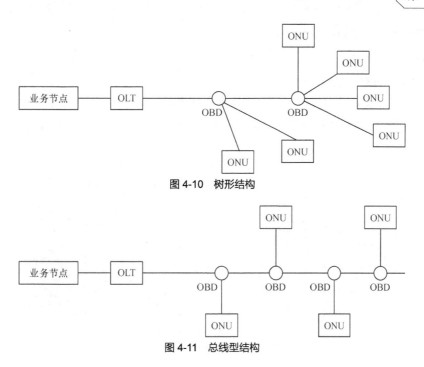

图 4-10　树形结构

图 4-11　总线型结构

（5）光纤接入网的应用类型

按照光纤接入网的参考配置，根据光网络单元设置位置的不同，光纤接入网可分为不同的应用类型，主要包括光纤到路边（Fiber To The Curb，FTTC）、光纤到大楼（Fiber To The Building，FTTB）、光纤到家（Fiber To The Home，FTTH）或光纤到办公室（Fiber To The Office，FTTO）等。光纤接入网的 3 种应用类型如图 4-12 所示。

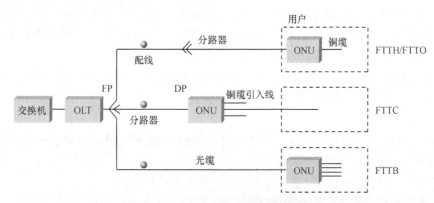

图 4-12　光纤接入网的 3 种应用类型

① FTTC。在 FTTC 中，ONU 设置在路边的分线盒处。从 ONU 到各个用户之间的部分仍使用铜双绞线对。若要传输宽带图像业务，则除了距离很短的情况之外，这一部分需要使用同轴电缆。FTTC 主要适用于点到点或点到多点的树形拓扑结构。

② FTTB。FTTB 是将 ONU 直接放到楼内（通常为居民住宅楼或小型企事业单位办公楼），再经多对铜双绞线将业务分送给各个用户。FTTB 适用于点到多点结构，通常不用于点到点结构。

③ FTTH 和 FTTO。在 FTTC 中，如果将设置在路边的 ONU 换成无源光分路器，并将 ONU 移到用户房间内即为 FTTH。如果将 ONU 放置在大型企事业用户的大楼终端设备处并能提供一

定范围的灵活的业务，则构成 FTTO 结构。

2. EPON

（1）EPON 的网络结构

EPON 是基于以太网的 PON 技术。它采用点到多点结构，使用无源光纤传输，在以太网之上提供多种业务。EPON 的网络结构一般是双星形或树形结构，如图 4-13 所示。

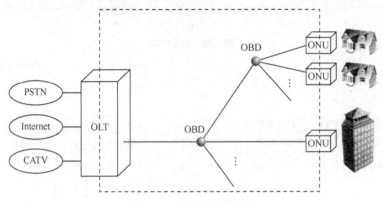

图 4-13　EPON 的网络结构

EPON 中的设备分为无源网络设备和有源网络设备两种。

① 无源网络设备指 ODN，包括光纤、无源分光器、连接器和光纤接头等。ODN 一般放置于局外，称为局外设备。

② 有源网络设备包括 OLT、ONU 和设备管理系统（Equipment Management System，EMS）。

（2）EPON 的设备功能

① OLT。在 EPON 中，OLT 既是一个交换机或路由器，又是一个多业务提供平台（Multi-Service Providing Platform，MSPP），提供面向无源光网络的光纤接口。OLT 可提供 1Gbit/s 和 10Gbit/s 等多个速率的以太网接口，支持 WDM 传输，兼容多种业务速率。

OLT 根据需要可以配置多块光线路卡（Optical Line Card，OLC），OLC 与多个 ONU 通过分光器连接。分光器是一个简单设备，不需要电源。

OLT 的具体功能如下。

a. 提供了 EPON 与服务提供商核心网的数据、视频和语音网络的接口，具有复用/解复用功能。

b. 具有光-电转换、电-光转换功能。

c. 分配和控制信道的连接，并有实时监控、管理及维护功能。

d. 具有以太网交换机或路由器的功能。

OLT 的位置布放方式有以下 3 种。

a. OLT 放置于局端中心机房（交换机房、数据机房等）。OLT 的覆盖范围大，便于维护和管理，可节省运维成本，利于资源共享。

b. OLT 放置于远端中心机房。OLT 的覆盖范围适中，便于操作和管理，同时兼顾容量和资源。

c. OLT 放置于户外机房或小区机房，节省了光纤，但管理和维护困难，OLT 的覆盖范围比较小，还需要解决供电问题，一般不建议采用这种方式。

OLT 位置的选择取决于实际的应用场景，一般建议将 OLT 放置于局端中心机房。

② 分光器。分光器是 ODN 中的重要部件，作用是将 1 路光信号分为 N 路光信号。分光器带有一个上行光接口和若干个下行光接口。从上行光接口过来的光信号被分配到所有的下行光接口并传输出去，从下行光接口过来的光信号被分配到唯一的上行光接口传输出去。

在 EPON 中，分光器的分光比（总分光比）规定为 1:8/1:16/1:32/1:64，即最大分光比是 1:64。分光器的布放方式有如下 3 种。

a. 一级分光。分光器采用一级分光时，PON 端口一次利用率高，易于维护，适用于需求密集的城镇，如大型住宅区或商业区。

b. 二级分光。分光器采用二级分光时，分布较灵活，但故障点增加，维护成本高，而且熔接点/接头多，适用于需求分散的城镇，如小型住宅区或中小城市。

c. 多级分光。分光器采用多级分光时，故障点同样增加，维护成本很高，熔接点/接头增加，分布非常灵活，适用于成带状分布的农村或商业街。

分光器的布放方式中，普遍采用的是一级分光和二级分光。

③ 光网络单元。

a. ONU 的功能。ONU 放置在用户侧，其功能如下：给用户提供数据、视频和语音与 PON 之间的接口（若用户业务为模拟信号，则 ONU 应具有模/数、数/模转换功能）；光-电转换、电-光转换；提供以太网二层、三层交换功能——在中带宽和高带宽的 ONU 中，可实现成本低廉的以太网二层、三层交换功能。此类 ONU 可以通过层叠来为多个最终用户提供共享高带宽。在通信过程中，不需要协议转换即可实现 ONU 对用户数据的透明传输。ONU 也支持其他传统的 TDM 协议，而且不会增加设计和操作的复杂性。

b. ONU 的布放位置。根据 ONU 布放的位置，可将 EPON 分为 FTTH、FTTB 和 FTTC。

c. 设备管理系统。EPON 中的 OLT 和所有的 ONU 被 EMS 管理，管理功能包括故障管理、配置管理、计费管理、性能管理和安全管理。

（3）EPON 的技术特点

① 运营成本低，维护简单。EPON 在传输途中不需要电源，没有电子器件，所以容易敷设，维护简单，可节省长期运营成本和管理成本。

② 可提供较高的传输速率。EPON 目前可以提供上下行对称的 1.25Gbit/s 的速率，并且随着以太网技术的发展，可以升级到 10Gbit/s。

③ 服务范围大，容易扩展。EPON 作为一种点到多点网络，可以利用局端单个光模块及光纤资源，服务大量终端用户，且网络容易扩展。

④ 技术实现简单。EPON 基于以太网技术，除了扩充定义多点控制协议（Multi-Point Control Protocol，MPCP）外，没有改变以太网数据帧格式，因此技术实现简单。

⑤ 带宽分配灵活，服务有保证。EPON 可以通过动态带宽分配（Dynamic Bandwidth Allocation，DBA）算法来对每个用户进行带宽分派，并采取措施保证每个用户的 QoS。

3. GPON

（1）GPON 的网络结构

GPON 与 EPON 相同，也是由 OLT、ONU、ODN 3 个部分组成的，GPON 可以灵活地组成树形、星形、总线型等拓扑结构，其中典型结构为树形结构。GPON 的网络结构如图 4-14 所示。

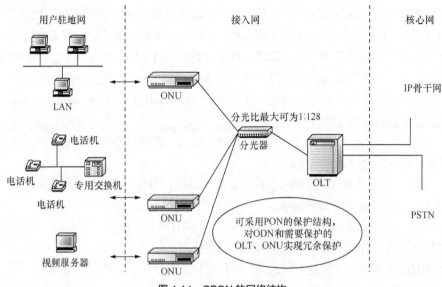

图 4-14　GPON 的网络结构

（2）GPON 的设备功能

① OLT。OLT 位于局端，是整个 GPON 的核心部件。其功能如下：向上提供广域网接口；集中带宽分配、控制 ODN；光-电转换、电-光转换；实时监控、运行维护管理光网络系统。

② ONU。ONU 位于用户侧。其功能如下：为用户提供 10/100Base-T、T1/E1 等接口；光-电转换、电-光转换；可以兼有适配功能。

③ ODN。ODN 是一个连接 OLT 和 ONU 的无源设备，其中最重要的部件是分光器，其作用与在 EPON 中一样。GPON 支持的分光比为 1:16/1:32/1:64/1:128。

（3）GPON 技术的特点

① 业务支持能力强，具有全业务接入能力。相对于 EPON 技术，GPON 更注重对多业务的支持能力。GPON 用户接口丰富，可以提供包括 64kbit/s、E1 电路、ATM、IP 和 CATV 等在内的全业务接入能力，是提供语音、数据和视频综合业务接入的理想技术。

② 可提供较高带宽和较远的覆盖距离。GPON 可以提供 1244Mbit/s、2488Mbit/s 的下行速率和 155Mbit/s、622Mbit/s、1244Mbit/s、2488Mbit/s 的上行速率，能灵活提供对称和非对称速率。此外，GPON 中的一个 OLT 最多可以支持 128 个 ONU，GPON 的逻辑传输距离最长可达 60km。

③ 带宽分配灵活，服务质量有保证。与 EPON 一样，GPON 采用 DBA 算法可灵活调用带宽，而且能够保证各种不同类型和等级的业务的服务质量。

④ 具有保护机制和 OAM 功能。GPON 具有保护机制和完整的 OAM 功能。此外，ODN 的无源特性减少了故障点，便于维护。

⑤ 安全性高。GPON 下行采用高级加密标准（Advanced Encryption Standard，AES）算法，对下行帧的负载部分进行加密，可以有效地防止下行数据被非法 ONU 截取。GPON 通过通道可随时维护和更新每个 ONU 的密钥。

⑥ 网络扩展容易，便于升级。GPON 模块化程度高，对局端资源占用少，树形拓扑结构使系统扩展容易。

⑦ 技术相对复杂，设备成本较高。GPON 承载有 QoS 保障的多业务和强大的 OAM 能力等，这些优势是以技术和设备的复杂性为代价换来的，因此相关设备成本较高。但随着 GPON 技术的发展和大规模应用，GPON 设备的成本可能会下降。

4.2.3 混合接入网

1. HFC 接入网

（1）HFC 接入网的概念

HFC 接入网是一种结合光纤与同轴电缆的宽带接入网，由光纤取代一般电缆线，作为 HFC 接入网的主干。HFC 接入网是在 CATV 网的基础上改造而来的，是以模拟频分复用技术为基础，综合应用模拟和数字传输技术、光纤和同轴电缆技术、射频技术及高度分布式智能技术的带宽接入网络。

HFC 接入网是三网融合的重要技术之一，除了支持 CATV 业务外，还支持语音、数据和其他交互业务，被称为全业务网（Full Service Network，FSN）。

（2）HFC 接入网的网络结构

HFC 接入网的网络结构如图 4-15 所示。

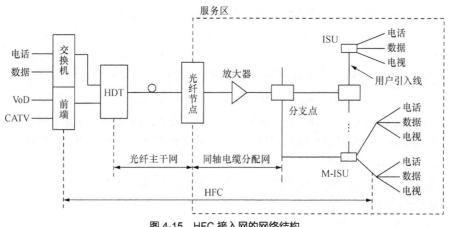

图 4-15　HFC 接入网的网络结构

HFC 接入网由信号源、前端、主数字终端（Host Digital Terminal，HDT）、光纤主干网（馈线网）、同轴电缆分配网（配线网）、用户引入线和综合业务单元等组成。需要说明的是，HFC 线路网包括馈线网、配线网和用户引入线 3 部分。

HFC 接入网干线部分采用光纤来传输高质量的信号，而配线网部分仍基本保留 CATV 原有的树形模拟同轴电缆网，这部分同轴电缆网还负责收集来自用户的回传信号，经若干双向放大器到光纤节点再经光纤传输给前端。

① 前端。前端设备主要包括天线放大器、频道转换器、卫星电视接收设备、滤波器、调制/解调器、混合器和导频信号发生器等。

前端对各种不同的视频信号源进行处理变换，其功能有调制/解调、频率变换、电平调整、信号编/解码、信号处理、低噪声放大、中频处理、信号混合、信号监测与控制、频道配置和信号加密等。

② HDT。HDT 的主要功能如下。

a. 对下行信号进行传输频谱的分配。

b. 下行对交换机送来的语音、数据信号进行射频调制，上行对信号进行解调。

c. 下行对射频调制后的各种信号（CATV 前端输出的已调信息流、由 HDT 调制后的语音和数据业务流）进行频分复用，上行对其进行分解。

d. 下行进行电-光转换与光发送，上行完成光接收与光-电转换。

e. 与电话交换机采用 V5.2 接口进行信令转换。

f. 提供对 HFC 接入网进行管理的管理接口。

③ 光纤主干网。HFC 接入网的光纤主干网指 HDT 至服务区的光纤节点之间的部分。

a. 光纤主干网的组成。光纤主干网主要由光发射机、光放大器、光分路器、光纤连接器和光接收机等组成，各部分的作用如下。

光发射机的作用是把被传输的信号经过调制处理后得到强度随输入信号变化的已调光信号，送入光纤网中传输。

光放大器是一种放大光信号的光器件，可提高光信号的电平。

光分路器的作用是将 1 路光信号分为 N 路光信号，$N=2$ 称为 2 分路器，$N=4$ 称为 4 分路器，以此类推。

光纤连接器用于实现光纤与光纤、光纤与光设备之间的相互连接。

光接收机是对从光纤传输来的光信号进行分解，还原成射频电信号后送入用户电缆分配网而到达各用户端。

b. 光纤主干网的结构。根据 HFC 接入网所覆盖的范围、用户数量和对 HFC 网络可靠性的要求进行分类时，光纤主干网的结构主要有星形、环形和环星形。

④ 同轴电缆分配网。在 HFC 接入网中，同轴电缆分配网（配线网）指服务区光纤节点与分支点之间的部分，一般采用与传统 CATV 网基本相同的树形同轴电缆网，有些情况下可采用简单的总线结构，其覆盖范围可达 5～10km。

同轴电缆分配网主要包括同轴电缆、干线放大器、线路延长放大器、分配器和分支等部件，各部分的作用如下。

a. 同轴电缆是配线网中的传输介质。

b. 干线放大器用于补偿干线电缆的损耗，使信号进行长距离传输，其增益一般为 20～30dB。

c. 线路延长放大器用于补偿支路损耗，每个线路延长放大器为几十至几百个用户提供足够的信号电平。

d. 分配器的作用是将一路信号电平（电压或功率）平均分成几路输出，常见的有 2、3、4、6、8、18 分配器。

e. 分支器是由信号分路器和方向耦合器相结合的无源器件，其作用是将一路信号分成多路输出。与分配器平均分配信号电平不同，分支器多路输出的信号电平可以不相同。例如，大电平信号分配给主干线路，小电平信号分配给支路。在配线网上一般每隔 40～50m 就有一个分支器，常用的有 4 路、16 路和 32 路分支器。

⑤ 用户引入线指分支点至用户之间的部分，因而与传统的 CATV 网相同，分支点的分支器是配线网与用户引入线的分界点。

用户引入线的作用是将射频信号从分支器经无源引入线送给用户。与配线网使用的同轴电缆不同，引入线电缆采用灵活的软电缆以便适应住宅用户的线缆敷设条件。用户引入线的传输距离一般为几十米。

⑥ 综合业务单元。综合业务单元（Integrated Service Unit，ISU）分为单用户的 ISU 和多用户的 ISU（M-ISU），ISU 提供了各种用户终端设备与网络之间的接口。ISU 装有微处理器、存储器和控制逻辑，ISU 是一个智能的射频调制解调器。ISU 的主要功能如下。

a. 对各种业务信号进行射频调制（上行）与解调（下行）。

b. 对各种业务信号进行合成与分解。

c. 信令转换。

（3）HFC 接入网的优缺点

① HFC 接入网的优点如下。

a. HFC 接入网的频带较宽，可满足综合业务和高速数据传输需要，能适应未来一段时间内的业务需求。

b. HFC 接入网的灵活性和扩展性都较好。HFC 接入网在业务上可以兼容传统的电话业务和模拟视频业务，同时支持 Internet 访问、数字视频及未来的其他交互式业务。在结构上，HFC 接入网具有很好的灵活性，可以平滑地向 FTTH 过渡。

c. HFC 接入网适用于当前模拟制式为主体的视像业务及设备市场，用户使用方便。

d. HFC 接入网与铜线接入网相比，运营、维护及管理的费用较低。

② HFC 接入网的缺点如下。

a. HFC 接入网的成本虽然低于光纤接入网，但需要对 CATV 网进行双向改造，投资较大。

b. HFC 接入网的拓扑结构需进一步改进，以提高网络可靠性，一个光纤节点需为 500 个用户服务，出现问题时影响范围较大。

c. 难以避免漏斗噪声。

d. HFC 接入网的用户共享同轴电缆带宽，当用户数多时，每个用户可用的带宽下降。

2. FTTx+LAN 接入网

（1）FTTx+LAN 接入网的概念

FTTx+LAN 接入网采用高速 IP 路由交换技术和吉比特以太网光纤传输技术，充分利用了光纤带宽资源，配合综合布线系统，实现宽带多媒体业务信息网络的高速接入。其支持的应用类型有 FTTC、FTTB、FTTH，泛称 FTTx。目前一般实现 FTTC 和 FTTB。

（2）FTTx+LAN 接入网的结构

FTTx+LAN 接入网由边缘接入设备和中心接入设备组成，如图 4-16 所示。

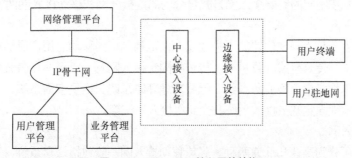

图 4-16　FTTx+LAN 接入网的结构

① 边缘接入设备主要完成链路层帧的复用和解复用，将下行方向的中心接入设备发送的不同 MAC 地址的帧转发到对应的 UNI 上，同时将来自不同 UNI 的 MAC 帧汇聚并转发到中心接入设备。

② 中心接入设备负责汇聚用户流量，实现 IP 数据分组转发、过滤，完成对用户使用接入网资源的认证、授权和计费等。

③ 用户管理平台、业务管理平台、网络管理平台可通过 IP 骨干网实行集中式处理。

中心接入设备与边缘接入设备采用了星形拓扑结构，中心接入设备与 IP 骨干网设备之间的拓扑结构可以是星形，也可以是环形。

（3）FTTx+LAN 接入网的优缺点

① FTTx+LAN 接入网的优点：高速传输，用户上网速率目前为 10Mbit/s 或 100Mbit/s，以后可根据用户需要进行升级；网络可靠、稳定，各级交换机之间可以通过光纤相连；用户投资少、价格便宜，用户只需一台带有网络接口的计算机即可上网；安装方便，小区、大厦、写字楼内采用了综合布线，用户端采用五类网线方式接入，即插即用；应用广泛，通过 FTTx+LAN 方式即可实现高速上网、远程办公等多种业务。

② FTTx+LAN 接入网的缺点：五类线本身只限于室内使用，限制了设备的敷设位置，在工程建设中阻碍了以太网的接入；故障定位困难，若以太网接入采用多级结构，则网络层次复杂，而网络层次多导致故障点增加且难以快速判断和排除故障点，使得线路维护难度大；用户隔离问题，用户隔离方法比较烦琐且广播数据分组较多。

4.3 无线宽带接入网

无线接入技术主要包括微蜂窝技术、蜂窝技术、微波点对多点技术和卫星通信技术。无线接入技术无须敷设有线传输介质，具有很好的灵活性，是有线接入技术的补充。本节主要介绍无线接入及几种常用的无线接入技术。

4.3.1 无线接入

1. 无线接入的定义

无线接入是指从交换节点到用户终端部分或全部采用无线手段的接入技术。无线接入系统具有建网费用低、扩容可按需而定、运行成本低等优点，因此可以作为有线网的补充。

2. 无线接入的分类

无线接入技术按不同的终端接入网方式可分为固定接入网和移动接入网两大类。

（1）固定接入网

固定接入网主要是为固定位置的用户或仅在小范围区域内移动的用户提供通信服务，其用户终端包括电话机、传真机或计算机等。传统的固定接入网有一点到多点微波系统、多路多点分配业务系统、本地多点分配业务系统、无线本地环路系统、卫星直播系统、甚小天线卫星地球站、低轨卫星本地固定宽带接入系统及光无线接入系统等。

（2）移动接入网

移动接入网可分为高速和低速两种。高速移动接入网一般包括蜂窝系统、卫星移动通信系统、集群系统等。低速接入网一般是个人通信系统。

4.3.2 WiMAX 技术

1. WiMAX 技术的概念

WiMAX 是一种可用于城域网的宽带无线接入技术，并且是针对微波和毫米波段提出的一种新的空中接口标准。它的主要作用是提供无线"最后一公里"接入，可提供面向 Internet 的高速连接，覆盖范围达 50km，最大数据速率达 75Mbit/s。

WiMAX 技术主要用于基于 IP 的综合数据业务的无线接入环境，对全 IP 网络和下一代网络有良好的支持。随着 IP 多媒体子系统技术的出现，WiMAX 技术成为无线网络中具有较强竞争力的技术。WiMAX 网络结构如图 4-17 所示。

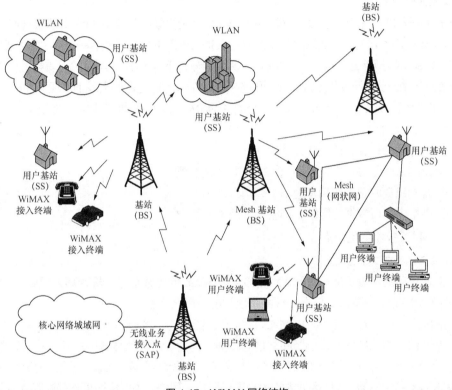

图 4-17　WiMAX 网络结构

2. WiMAX 核心网络功能

① 可满足不同业务及应用的 QoS 需求，充分利用端到端的网络资源。

② 具有可扩展性、伸缩性、灵活性和鲁棒性，能够满足电信组网需求。

③ 支持终端用户固定式、游牧式、便携式、简单移动和完全接入能力。

④ 具有移动性管理功能，如呼叫、位置管理、异构网络间的切换、安全性管理和全移动模式下的 QoS 保障。

⑤ 从结构上来说，WiMAX 核心网的主要设备包括路由器、认证、授权、计费代理或服务器、用户数据库、Internet 网管等。

3. WiMAX 接入端组网方式

在 WiMAX 中可支持 3 种接入组网方式：点到点（Point-to-Point，P2P）、点到多点（Point-to-

Multiple Point，P2MP）和 Mesh 组网方式。

（1）点到点宽带无线接入方式

点到点宽带无线接入方式主要用于点到点的无线传输和中继服务之中。这种工作方式既能增加网络覆盖范围，又能为运营商的网络基站及 WLAN 热点提供无线中继传输，同时为企业的远程接入提供宽带服务。

（2）点到多点宽带无线接入方式

点到多点宽带无线接入方式主要用于固定和便携工作模式。WiMAX 无线接入技术很少会受到距离和社区用户密度的影响，即使是一些临时聚会地等受条件限制，使用 WiMAX 技术也能够做到快速部署，从而保证高效、高质量的通信。

（3）Mesh 组网方式

Mesh 组网方式采用多个用户站以网状网的方式扩大无线覆盖，其中一个基站直接与城域网相连接，而其他基站通过无线链路与该业务接入点连接，进而接入 Internet。这样一个用户站可通过 Mesh 基站直接与城域网实现互连，也可以与 Mesh 基站所管辖范围内的任意其他用户站直接进行通信。该组网方式的特点在于运用网状网方式，系统可以根据实际情况进行灵活部署，从而实现网络的弹性延伸。

无论采用何种接入方式，WiMAX 接入网都由 WiMAX 基站和接入业务网网关组成。WiMAX 网络应具有以下功能。

① 提供终端的认证、授权和计费代理。

② 支持网络服务协议的发展和选择、IP 地址的分配。

③ 具有无线资源管理和功率控制。

④ 提供空中接口数据的压缩、加密，以及位置管理。

4. WiMAX 技术的优缺点

（1）WiMAX 技术的优点

① 实现更远的传输距离。WiMAX 能够实现 50km 的无线信号传输距离，只要建设少数基站就能实现网络的全城覆盖，使得无线网络应用的范围大大扩展了。

② 提供更高速的宽带接入。WiMAX 所能提供的最高接入速率为 70Mbit/s。

③ 提供优良的"最后一公里"网络接入服务。作为一种无线城域网技术，它可以将 Wi-Fi 热点连接到 Internet，也可作为 DSL 等有线接入方式的无线扩展，实现"最后一公里"的宽带接入。WiMAX 可为 50km 线性区域内的用户提供服务，用户无须线缆即可与基站建立宽带连接。

④ 提供多媒体通信服务。与 Wi-Fi 相比，WiMAX 具有更好的可扩展性和安全性，能够实现电信级的多媒体通信服务。

（2）WiMAX 技术的缺点

① 从标准来讲，WiMAX 技术是不能支持用户在移动过程中无缝切换的。其传输距离只有 50km，而且如果高速移动，则 WiMAX 达不到无缝切换的要求。

② 严格来说，WiMAX 不是一个移动通信系统的标准，只是一个无线城域网的技术。

4.3.3 蓝牙技术

1. 蓝牙技术的概念

蓝牙是由瑞典的爱立信、芬兰的诺基亚、日本的东芝、美国的 IBM 和 Intel 五家公司于 1998

年 5 月提出开发的一种全球通用的无线技术标准。蓝牙是一种低成本、短距离的语音和数据通信的开放无线方案，使用户能够简单地连接一个范围广泛的计算机和电信设备，不需要电缆连接。

蓝牙技术的工作频率为 2.4GHz。其实际上是通过建立通用的无线空中接口及其控制软件的公开标准，使通信和计算机进一步结合，使不同厂家生产的便携式设备在没有电缆的情况下，在近距离范围内具有互用、互操作的性能。

2. 蓝牙技术的特点

① 蓝牙作为一种短程无线通信技术，其指定范围是 10m，在加入额外的功率放大器后，可以将距离扩展到 100m。这样的工作范围使得蓝牙既可以保证较高的数据传输速率，又可以减少与其他电子产品和无线电系统的干扰，还可以保证安全性。

② 提供低价、大容量的语音和数据网络。蓝牙支持 64kbit/s 的实时语音传输和各种速率的数据传输，语音和数据可单独或同时传输。当仅传输语音时，蓝牙设备最多同时支持 3 路全双工的语音通信，辅助的基带硬件可以支持 4 个或更多的语音信道；当语音和数据同时传输或仅传输数据时，支持 433.9kbit/s 的对称全双工或 723.2kbit/s、57.6kbit/s 的非对称双工通信，后者适用于无线访问 Internet。

③ 工作在 2.4GHz 频段，使用扩频和快速跳频技术。与其他工作在相同频段的系统相比，蓝牙系统跳频更快，数据分组更短，这使蓝牙比其他系统更稳定，即使在噪声环境中也可以正常无误地工作。

④ 支持点到点和点到多点的连接。可采用无线方式将若干蓝牙设备连成一个主从网，多个主从网络又可以互连成为特殊分散网，形成灵活的多重主从网的拓扑结构，从而实现各类设备之间的快速通信。

⑤ 每个收发机都配置了符合 IEEE 802 标准的 48 位地址，任一蓝牙设备都可根据 IEEE 802 标准得到一个唯一的 48bit 的蓝牙设备地址（Bluetooth Device Address，BD_ADDR）。它是一个公开的地址码，可以进行人工或自动查询。在 BD_DDR 基础上，使用一些性能良好的算法可获得各种保密和安全码，从而保证设备识别码在全球的唯一性，以及通信过程中设备的鉴权和通信的安全保密。

⑥ 采用 TDM 实现全双工传输。蓝牙基带帧包括两个分组，先是发送分组，再是接收分组。蓝牙系统既支持电路交换和分组交换，又支持实时的同步定向连接和非实时的异步不定向连接。实时的同步定向连接主要传输语音等实时性强的信息，可在规定的时隙传输；非实时的异步不定向连接则以数据为主，可在任意时隙传输。

3. 蓝牙系统的组成

蓝牙系统由天线单元、链路控制（固件）单元、链路管理（软件）单元和软件（协议栈）单元 4 个功能单元组成。

在蓝牙系统的链路控制（固件）单元中，使用 3 个 IC 分别作为连接控制器、基带处理器及射频传输/接收器，且使用了 30～50 个单独调谐元件。随着集成度的提高，链路控制单元也朝着单片化的方向发展。

蓝牙系统中的链路管理（软件）单元携带了链路的数据设置、鉴权、链路硬件配置和其他协议。链路管理单元能够发现其他远端链路管理并通过链路管理协议与之通信。

蓝牙系统中的软件（协议栈）单元是一个独立的操作系统，不与任何操作系统捆绑。它必须符合已经制定好的蓝牙规范。蓝牙规范是为个人区域内的无线通信制定的协议，它包括两部分。第一部分为核心部分，用以规定诸如射频、基带、连接管理、业务搜寻、传输层及与不同通信协议之间的互用、互操作性等组件。第二部分为协议子集部分，用以规定不同蓝牙应用所需的协议和过程。

4. 蓝牙设备的组网

蓝牙根据网络的概念提供点到点和点到多点的无线连接。在任意有效通信范围内，所有设备的地位都是平等的。先提出通信要求的设备称为主设备，被动进行通信的设备称为从设备。

利用 TDMA，1 个主设备最多可同时与 7 个从设备进行通信并和多个从设备（最多可超 200个）保持同步但不通信。1 个主设备和 1 个以上的从设备构成的网络称为蓝牙的主从网络。若 2个以上的主从网络之间存在着设备的通信，则构成了蓝牙的分散网络。主从网络和分散网络如图 4-18 所示。

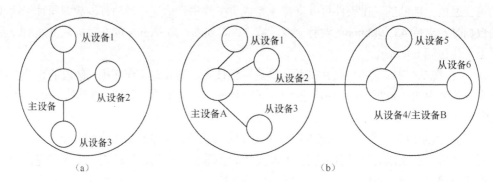

图 4-18　主从网络和分散网络

基于 TDMA 原理和蓝牙设备的平等性，蓝牙设备在主从网络和分散网络中既可以是主设备，又可以是从设备，还可以同时是主设备和从设备。

4.3.4　Wi-Fi 技术

1. Wi-Fi 的概念

无线保真（Wireless Fidelity，Wi-Fi）技术是一种允许电子设备连接到一个无线局域网的技术，通常使用 2.4GHz 高频无线电波或 5GHz 超高频 SM 射频频段。电子设备连接到无线局域网通常有密码保护（即加锁）和开放（即不加锁）两种方式。Wi-Fi 是一个无线网络通信技术的品牌，由 Wi-Fi 联盟所持有，基于 IEEE 802.11 标准。

2. Wi-Fi 的特点

Wi-Fi 具有以下突出优势。

① 无线电波的覆盖范围广。Wi-Fi 的半径可达 100m，既可在办公室中使用，又可以在整栋大楼中使用。

② Wi-Fi 技术的无线传输速率非常快，IEEE 802.11b 标准定义的传输速率可以达到 54Mbit/s，之后推出的 IEEE 802.11n 标准中，无线传输速率达到了 600Mbit/s，符合个人和社会信息化的需求。

③ 门槛比较低。厂商只要在机场、车站、咖啡店、图书馆等人员较密集的地方设置"热点"，就可以通过高速线路将 Internet 接入上述场所。由"热点"所发射出的电波可以达到距接入点数

十米至百米的地方，用户只要将支持 WLAN 的笔记本电脑或智能手机放到该区域内进行接入设置，即可高速接入 Internet。

3. Wi-Fi 的组网结构

一般架设无线网络的基本配备就是无线网卡及一个无线接入点（Access Point，AP），如此便能以无线的模式，配合既有的有线或无线网络资源。AP 主要在介质访问控制（Media Access Control，MAC）层中作为无线工作站及有线局域网络的"桥梁"使用。有了 AP，无线工作站可以快速便捷地与网络相连。Wi-Fi 组网结构如图 4-19 所示。

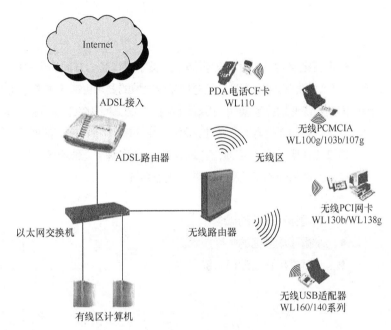

图 4-19　Wi-Fi 组网结构

习题

1. 接入网的接口有哪些？
2. 常见的接入网分为哪几类？
3. 什么是 PON？什么是 APON？
4. 简述光纤接入网的功能模块及其作用。
5. 简述 GPON 与 EPON 的异同点。
6. 无线宽带接入网可以分为哪几类？

05 第5章 移动通信

信息在经济发展、社会进步乃至人类生活等各个方面都起着日益重要的作用，人们对于信息的丰富性、及时性和便捷性的要求也越来越高。几十年来，移动通信技术快速地更新换代，更好地满足了人们随时随地、方便而及时地获取信息的需求。移动通信网对人类生活及社会发展起着不可或缺的作用。

本章先说明了移动通信的定义及特点，再讲解了无线电波传播、移动通信的关键技术，最后介绍了几种常用移动通信系统。

学习目标

◆ 掌握移动通信的概念。

◆ 掌握移动通信的关键技术。

◆ 了解常用移动通信系统。

5.1 移动通信概述

移动通信网在过去 20 年中发展非常迅速，得到了广泛应用。移动通信不仅要给用户提供与固定通信一样的通信业务，而且由于用户的移动性和无线电波的传播特性，其控制与管理技术和传播环境要比固定通信复杂得多。本节主要介绍移动通信的发展历程，以及移动信道中的无线电波传播和移动通信中使用的编号计划。

5.1.1 移动通信简介

1. 移动通信的定义

20 世纪 90 年代，通信领域专家提出个人通信（Personal Communication）是人类通信的最高目标，即任何人（whoever）在任何时间（whenever）和任何地点（wherever）都能与任何人（whomever）进行任何种类（whatever）的信息交换。这 5 个"任何"简称为"5W"，移动通信的发展为它的实现提供了条件和可能。

移动通信是指通信双方中至少有一方处于运动状态的通信，是连通移动用户与固定用户之间，或移动用户之间的通信方式。支持移动通信功能的系统称为移动通信系统，通常是有线方式与无线方式相结合的通信系统。支持移动通信业务的范围称为移动通信覆盖的网络。

2. 移动通信的特点

移动通信把无线通信技术、有线传输技术、计算机技术等有机结合在一起，具有以下几个特点。

（1）用户的随机移动性

与固定通信方式相比，移动通信最大的特点就是允许通信终端在通信时移动。由于移动通信终端的位置不固定，为了保证及时准确地为通信终端与通信终端之间、通信终端与移动通信系统之间建立通信链路，移动通信网络必须对移动通信终端的位置进行有效管理。

（2）电磁波传播环境复杂

因为允许通信终端自由移动，所以移动通信系统必须采用无线接入方式，即一切无线信道都基于电磁波在空间的传播来实现开放式信息传输。移动通信终端往来于建筑物群或其他障碍物，电磁波在传播时会产生直射、反射、绕射等多种传播方式，造成所接收信号的电场强度起伏不定，这种现象称为"衰落"。移动通信系统必须具有一定的抗衰落能力。

（3）强干扰条件下工作

无线信道的主要特点就是开放性，因此移动通信系统更容易受到噪声和干扰的影响，且噪声和干扰的来源更复杂。移动终端工作环境周边的各种电气设备中电流或电压的剧变，如电动机、焊机、电气开关等产生的火花放电都伴随着电磁波辐射。由于移动通信系统内部有多个用户，系统内还会有互调干扰、邻道干扰、同频干扰等，因此，移动通信系统需要对信道进行合理的划分和频率的复用。

5.1.2 移动通信的发展历程

移动通信可以说在无线电通信发明之日就产生了。1897 年，古列尔莫•马可尼（Guglielmo

Marconi）所完成的无线通信试验就是在固定站与一艘拖船之间进行的，距离为 33.336km（18 海里）。1946 年，美国底特律首次引入了车载无线电系统。现代蜂窝状移动通信网技术始于 20 世纪 70 年代，至今大致经历了 5 个发展阶段。

1. 第一代移动通信系统

第一代（1st Generation，1G）移动通信系统采用模拟调制、频分双工（Frequency Division Duplex，FDD）和频分多址技术，以及仅限语音业务的蜂窝电话标准。这种系统的典型代表有美国在 1983 年部署的先进移动电话系统（Advanced Mobile Phone System，AMPS）、英国在 1985 年开发的全接入通信系统（Total Access Communication System，TACS）、加拿大的移动电话系统（Mobile Telephone System，MTS）、瑞典等北欧四国的北欧移动电话（Nordic Mobile Telephone，NMT）等。我国的第一代模拟蜂窝移动电话系统采用的是 TACS 制式，1987 年 11 月在广东省建成并投入商用。

随着用户数的剧增，模拟系统逐渐暴露出许多不足之处。其主要不足如下：采用 FDMA，导致频谱利用率低；采用模拟方式，导致业务种类有限、无数据业务，保密性低，且终端设备成本高、体积大、重量大。因此，其已逐步被淘汰。

2. 第二代移动通信系统

20 世纪 80 年代，欧洲首先推出了全球移动通信系统（Global System for Mobile Communication，GSM）。GSM 采用了数字调制技术、FDD 和 TDMA 技术。1993 年，美国推出基于码分多址技术的 IS-95 系统。IS-95CDMA 也采用了数字调制和 FDD 技术，和 GSM 同属于第二代（2nd Generation，2G）移动通信系统。

随着 IP 技术的发展，GSM 引入了通用分组无线服务（General Packet Radio Service，GPRS）技术和增强型数据速率 GSM 演进技术（Enhanced Data rate for GSM Evolution，EDGE），IS-95 CDMA 演进为 CDMA2000 1x，在原有语音业务基础上，初步具备了支持多媒体业务的功能，可以实现图片传输、电子邮件收发等。

我国的 2G 制式包括了 GSM 和 IS-95 CDMA。1994 年 12 月底，广东首先开通了 GSM 数字移动电话网；1995 年 4 月，中国移动在全国 15 个省市相继建网；1996 年，GSM 实现了全国漫游，并开始提供国际漫游服务；1997 年底，北京、上海、西安、广州 4 个 IS-95 CDMA 商用实验网先后建成开通，并实现了网间的漫游；2000 年 10 月，中国联通宣布启动 CDMA 网络建设，并于 2000 年年底开始了筹备工作。

在 2G 发展期间，一方面，移动通信用户数目极快地增长，通信产业日益成为各国经济发展的支柱之一；另一方面，第二代移动通信系统及相应的移动通信技术面临着诸多问题。例如，系统容量无法满足用户数量的增长，收益增长减缓，语音业务和低速数据业务不能满足用户需求，网络漫游只限于国内及部分区域等。随着数据业务、多媒体业务需求的不断增长，第二代移动通信系统在系统容量、频率使用效率方面也出现了局限性。

3. 第三代移动通信系统

ITU 在 1985 年提出了第三代无线移动通信标准的名称，当时为未来公用陆地移动通信系统（Future Public Land Mobile Telecommunication System，FPLMTS），1996 年正式更名为国际移动通信系统 2000（International Mobile Telecommunication-2000，IMT-2000）。其中，2000 的含义有 3 个：在 2000 年左右开始商用；在 2000MHz 左右的频率上使用；支持的业务速率

可以达到 2Mbit/s 以上。第三代（3rd Generation，3G）移动通信系统采用了 CDMA 技术和分组交换技术，能提供多种类型、高质量的多媒体业务，能实现全球无缝覆盖，具有全球漫游能力，与固定网络相兼容，并能以小型便携式终端在任何时候、任何地点进行任何种类的通信。其与 2G 的主要区别是在传输语音和数据速率上的提升，同时考虑了与已有第二代移动通信系统的良好兼容性。

第三代移动通信系统最初的 3 种主流标准包括码分多址 2000 接入（Code Division Multiple Access 2000，CDMA 2000）、宽带码分多址接入（Wideband Code Division Multiple Access，WCDMA）和时分同步码分多址接入（Time Division-Synchronous Code Division Multiple Access，TD-SCDMA）。2007 年，ITU 又将全球互通微波访问纳入了第 4 个全球 3G 标准。

我国于 2009 年 1 月颁发 3G 牌照，开通并支持 ITU 确定的 3 个无线接口标准，分别是中国电信运营的 CDMA 2000、中国联通运营的 WCDMA 和中国移动运营的 TD-SCDMA。

3G 仍存在很多不足，如采用电路交换，而不是纯 IP 方式；传输速率无法满足用户要求；多种标准难以实现全球漫游等。

4. **第四代移动通信系统**

无线通信技术的发展呈现三大趋势：宽带化、移动化和 IP 化。第三代合作伙伴项目（The 3rd Generation Partnership Project，3GPP）于 2004 年 12 月开始长期演进系统（Long Term Evolution，LTE）相关的标准工作。LTE 并不是真正意义上的第四代（4th Generation，4G）移动通信系统技术，而是 3G 向 4G 技术发展过程中的一个过渡技术，也被称为 3.9G 的全球化标准。LTE 包括频分双工（Frequency-Division Duplex，FDD）和时分双工（Time-Division Duplex，TDD）两种双工方式，其中，我国引领 LTE TDD（简称 TD-LTE）的发展。

LTE 网络采用许多关键技术来支撑，包括正交频分复用技术（Orthogonal Frequency Division Multiplexing，OFDM）、多载波调制技术、自适应调制和编码（Adaptive Modulation and Coding，AMC）技术、多入多出（Multiple-Input Multiple-Output，MIMO）和智能天线技术、基于 IP 的核心网技术、软件无线电技术等。另外，为了与传统的网络互连，需要用网关建立网络的互连，所以，LTE 是一个复杂的多协议网络。

2012 年，LTE-Advanced（简称 LTE-A）正式被确立为 IMT-Advanced（也称 4G）国际标准。LTE-A 引入的新技术包括载波聚合（Carrier Aggregation，CA）、异构网络、增强的多天线技术和中继技术等，可称为广带接入和分布式网络，其网络结构将是一个采用全 IP 的网络结构。

5. **第五代移动通信系统**

为了应对未来爆炸性的移动数据流量增长、海量的设备连接、不断涌现的各类新业务和应用场景，第五代（5th Generation，5G）移动通信系统应运而生。第五代移动通信系统是 4G 的延伸，是未来新一代信息基础设施的重要组成部分。5G 不仅能进一步提升用户的网络体验，还将满足未来万物互联的应用需求。

国际电信联盟无线电通信（ITU-Radiocommunication，ITU-R）部门定义了 5G 的三类典型业务场景：增强型移动宽带（enhance Mobile Broadband，eMBB）、大规模机器类通信（massive Machine Type of Communication，mMTC）、超可靠低时延通信（ultra Reliable Low Latency Communications，uRLLC）。

5.1.3 移动信道中的无线电波传播

1. 无线电波的概念

无线电波是指在自由空间（包括空气和真空）中传播的射频频段的电磁波，移动通信系统利用无线电波实现终端在移动的情况下进行的信息交换。无线电波是一种能量的传输形式，电场和磁场在空间交替变换，将能量向前传递。传播过程中，电场和磁场在空间中是相互垂直的，同时这两者都垂直于传播方向，如图 5-1 所示。

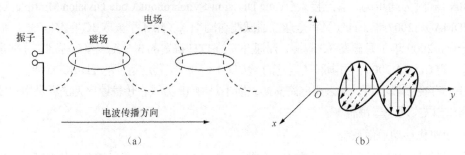

图 5-1　无线电波传播过程

无线电波的波长、频率和传播速度的关系可表达为

$$\lambda = v / f \tag{5-1}$$

式（5-1）中，v 为速度（单位为 m/s）；f 为频率（单位为 Hz）；λ 为波长（单位为 m）。

无线电波的传播速度和传播介质有关，其在真空中的传播速度等于光速（ $c = 3 \times 10^8$ m/s），在介质中的传播速度为

$$v_\varepsilon = c / \sqrt{\varepsilon} \tag{5-2}$$

式（5-2）中，ε 为传播介质的相对介电常数。

空气的相对介电常数与真空中的相对介电常数很接近，略大于 1。因此，空气中的传播速度略小于光速，通常认为它近似等于光速。故式（5-2）又可写为

$$\lambda = c / f \tag{5-3}$$

2. 无线电波的传播方式

理想的自由空间是一种均匀的、各向同性的介质空间。电磁波沿直线传播，只存在电磁波能量扩散而引起的传播损耗。而实际的传播环境中，由于地面存在各种各样的物体，电磁波存在除直射以外的反射、绕射（衍射）、散射等多种传播形式。

（1）反射

当电磁波遇到比其波长大得多的物体时就会发生反射，如在地球、建筑物或墙壁的表面都会发生反射现象。

（2）绕射

当接收机和发射机之间的无线路径被尖锐的边缘阻挡时会发生绕射，由阻挡表面产生的二次波分布于整个空间，甚至绕射于阻挡物的背面。

（3）散射

散射产生于粗糙物表面、小物体或其他不规则物体上。在实际的移动通信系统中，树叶、街

道标志和灯柱等都会引发散射。

3. 无线电波的传播特性

无线电波的传播基本特性就是衰落特性，这种衰落特性取决于无线电波的传播环境。不同的地形地貌、人工建筑、气候特征、电磁干扰、通信体移动速度、使用频段等情况，其传播特性也会有所不同。

（1）极化特性

极化是指电磁波在传播的过程中，其电场矢量的方向和幅度随时间变化的状态。电磁波的极化形式可分为线极化、圆极化和椭圆极化。相对于地面而言，线极化存在两种特殊情况：电场方向平行于地面的水平极化和垂直于地面的垂直极化，如图 5-2 所示。

（a）   （b）

图 5-2　水平极化和垂直极化

接收天线的极化方式只有与被接收的电磁波的极化形式一致时，才能有效地接收信号，否则将使接收信号质量变坏，甚至完全收不到信号，这种现象称为极化失配。

（2）阴影效应

在移动通信传播环境中，电磁波在传播路径上遇到起伏的山丘、建筑物、树林等障碍物，形成电磁波的阴影区，就会造成信号场强中值的缓慢变化，引起衰落。通常把这种现象称为阴影效应，由此引起的衰落又称阴影慢衰落。另外，由于气象条件的变化，电磁波折射系数随时间平缓变化，使得同一地点接收到的信号场强中值也随时间缓慢变化。但因为在陆地移动通信中电磁波折射系数随着时间的慢变化远小于随地形的慢变化，所以在工程设计中会忽略随时间的慢变化，而仅考虑随地形的慢变化。这些由阴影效应或气象条件变化引起场强中值的缓慢变化称为慢衰落。慢衰落若以分贝数表示信号中值水平，则其服从正态分布。

（3）多径效应

在移动通信系统中，由于受地物、地貌等诸多因素的影响，接收到的信号往往是直射波、反射波和绕射波的合成信号，这种现象称为多径效应，如图 5-3 所示。这些不同路径到达的电磁波射线，相位不一致且具有时变性，导致接收信号呈衰落状态；这些电磁波射线到达的时延不同，又导致码间干扰。若多射线强度较大，且时延差不能忽略，则会产生误码，这种误码靠增加发射功率是不能消除的。由多径效应产生的衰落称为多径衰落。多径衰落的基本特征表现为信号幅度的衰落和时延扩展。

在实际通信环境中，终端接收的信号在不到一个波长的范围内会出现几十分贝的电平变化和激烈的相位摆动。这种由多径效应引起的接收场强瞬时值快速、大幅度的变化被称为快衰落，因其统计特性服从瑞利分布，故又称为瑞利衰落，如图 5-4 所示。

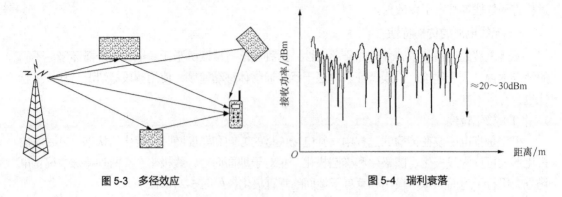

图 5-3 多径效应   图 5-4 瑞利衰落

（4）多普勒效应

1842 年，奥地利数学家、物理学家多普勒发现火车从远而近时汽笛声变响，音调变高，而火车从近而远时汽笛声变弱，音调变低。经过研究发现，这是由于振源与观察者之间存在着相对运动，使观察者听到的声音频率不同于振源频率。这就是频移现象。当声源离观测者而去时，声波的波长增加，音调变得低沉；当声源接近观测者时，声波的波长减小，音调变高。音调的变化同声源与观测者间的相对速度和声速的比值有关。这一比值越大，改变就越显著，后人把它称为"多普勒效应"。多普勒效应造成的发射和接收的频率之差称为多普勒频移。

当移动台以恒定的速率 v 在长度为 d、端点为 X 和 Y 的路径上运动时收到来自远端源 S 发出的信号，在 X 点与 Y 点分别被终端接收时所走的路径差为 Δl，如图 5-5 所示。

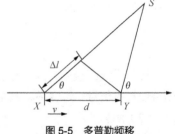

图 5-5 多普勒频移

多普勒效应引起的多普勒频移可表示为

$$f_d = \frac{v}{\lambda}\cos\theta \tag{5-4}$$

式（5-4）中，λ 为波长，θ 为入射波与接收端的夹角。

由式（5-4）可见，多普勒频移与终端运动速度、运动方向、无线电波入射方向的夹角有关。由于存在多普勒效应，在移动通信中，当终端移向基站时频率变高，远离基站时频率变低。移动速度相同时，载波频率越高，频偏越大。信号经不同方向传播，其多径分量造成接收机的多普勒扩散，因而增加了信号带宽。

在移动通信技术发展的过程中，从 1G 到 5G 使用的载波频率越来越高，多普勒效应也越来越不容忽视。为了避免其在通信中的影响，必须使用"锁相技术"，这也增加了移动通信的复杂性。

5.1.4 移动通信的编号计划

在移动通信网中，由于用户具有移动性，需要使用多种号码对用户进行识别、跟踪和管理，主要有以下几种。

1. 移动用户号码簿号码

移动用户号码簿号码（Mobile Station Directory Number，MSDN）指主叫用户为呼叫移动用户所拨打的号码，在 GSM 系统中被称为 MSISDN，在 CDMA 系统中被称为 MDN。MSDN 通常用来进行路由、号码分析、呼叫管理、签约信息绑定、计费等。MSDN 的结构为 MSDN=[CC]+[NDC]+[SN]。

CC：国家码，即移动台登记注册的国家码，中国为 86。

NDC：国内移动网络接入号码，可以用于区分移动运营商，如中国移动的号段为 134～139，中国电信的号段为 153、189、133 等。

SN：用户号码。我国采用 8 位等长编号，编码格式为 $H_0H_1H_2H_3ABCD$。其中，前 4 位（$H_0H_1H_2H_3$）为 HLR 识别码，由运营商统一分配；ABCD 为移动用户号码，由各 HLR 自行分配。

2. 国际移动用户识别码

国际移动用户识别码（International Mobile Subscriber Identity，IMSI）是国际上唯一识别移动用户的标志，存储在 SIM 卡中。IMSI 为 15 位号码，结构为 IMSI=[MCC]+[MNC]+[MSIN]。

MCC：移动国家码，由 ITU 统一分配和管理，可唯一识别移动用户所属的国家，共 3 位，中国为 460。

MNC：移动网络号码，用于识别移动用户所归属的移动通信网，有 2 或 3 位。在同一个国家内，如果有多个公用陆地移动网（Public Land Mobile Network，PLMN），则可以通过 MNC 来进行区别，即每一个 PLMN 都要分配唯一的 MNC。

MSIN：移动用户识别号码，用于识别某一移动通信网中的移动用户。

3. 国际移动设备识别码

国际移动设备识别（International Mobile Equipment Identity，IMEI）码是区别移动设备的标识，存储在移动设备中，可用于监控被窃或无效的移动设备。IMEI 码适用于 GSM 和 WCDMA 制式的移动电话，而在 CDMA 系统中称为 ESN 号。它也是该手机在厂家的"档案""身份证号"。IMEI 通常印在手机机身背面的标志上，并存储在手机内存中。IMEI 可在待机状态下按"*#06#"进行读取。

5.2 移动通信关键技术

移动通信属于通信的一种方式，数字移动通信系统也符合通信系统的模型结构，信源编码、信道编码和调制技术都是移动通信应用的关键技术。但除此之外，移动通信中还采用了无线组网技术、双工与多址技术、功率控制与切换技术、抗干扰与抗衰落技术。本节详细介绍这几种技术的原理。

5.2.1 无线组网技术

1. 组网制式

一般来说，移动通信网的区域覆盖方式可分为大区制和小区制。

（1）大区制

大区制是指在一个比较大的区域中，只用一个基站覆盖全地区的移动通信的覆盖方式，如图 5-6 所示。因为只有一个基站，服务的覆盖面积大，因此所需的发射功率也较大。大区制多用于专用网或早期的小城市公共网。由于只有一个基站，其信道数有限（可用频率带宽有限），因此容量较小，一般只能容纳数百至数千个用户。其优点是所需设备少且便宜，网络结构简单，成本低，不用无线交换，直接与公众交换电话网相连；缺点是覆盖范围有限、系统容量受限、系统设备受限。

（2）小区制

小区制是将所要覆盖移动通信网络的地区划分为若干小区，在每个小区中设立一个基站，为本小区范围内的用户服务，如图 5-7 所示。小区制解决了大区制中存在的信道数有限而用户数不断增加的矛盾，也减小了电台相互之间的干扰，普遍应用于用户量较大的移动通信网。但是在这种结构中，基站数量的增加会使控制、交换更加复杂，建网的成本也增高了。

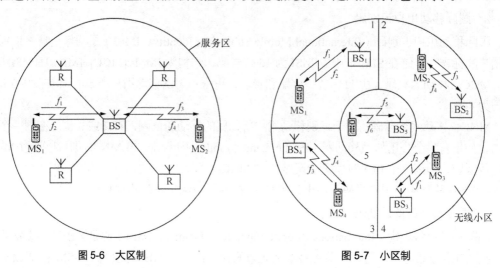

图 5-6　大区制　　　　　　　　　图 5-7　小区制

（3）小区形状的选择

现代陆地上移动通信需要覆盖的是一个宽广的平面服务区，电波的传播和地形、地物有关，所以小区的划分应根据环境和地形条件而定。一个小区的实际无线覆盖是一个不规则的形状。为了方便研究，假定小区的覆盖形状大体上是一个圆形，又考虑到多个小区彼此邻接来覆盖整个区域，因此用圆的内接正多边形代替圆形。研究表明，正六边形小区的中心间隔最大，各基站间的干扰最小；交叠区面积最小，同频干扰最小；覆盖面积最大，对于相同大小的服务区域，所需的小区数最少，即所需基站数最少，最经济；所需载频个数最少，频率利用率高。无线移动通信系统广泛使用正六边形研究系统覆盖和业务需求，因此被称为蜂窝移动通信网。蜂窝移动通信网示意图如图 5-8 所示。

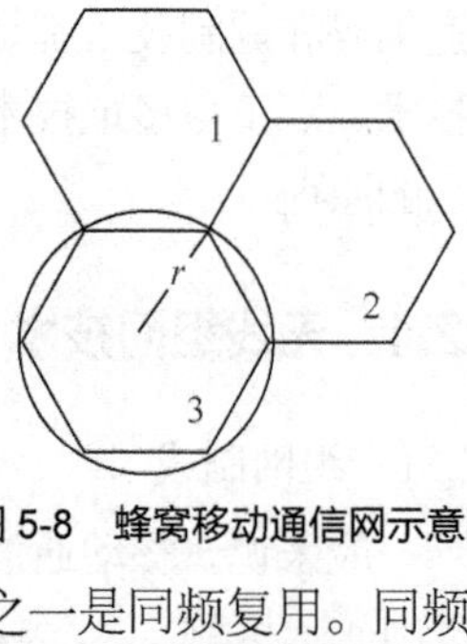

2. 无线区群结构

（1）无线区群的概念

无线电频谱是一种特殊的资源，随着无线业务种类和电台数量的不断增加，使用的频率越来越拥挤。因此必须有效利用和科学管理频谱资源。影响频率利用的因素很多，如网络结构、频道带宽、用户密度、用户话务量及共用频道数等。提高频率利用率的有效措施之一是同频复用。同频复用即频率复用，指相隔一定距离的不同区域可以重复使用相同载波进行覆盖。

图 5-8　蜂窝移动通信网示意图

在蜂窝移动通信网中，无线区群是指共同使用全部可用频率的相邻的 N 个小区，由若干个无线区群组成一个服务区。区群内可使用不同频率，不同的区群可使用相同的频率，以实现频率复用。N 为频率复用因子，也等于构成单位无线区群的小区的数目。根据一定的规则，N 的典型值为 4、7、12，如 AMPS 中 $N=7$，GSM 系统中 $N=3$ 或 4。各种单位无线区群如图 5-9 所示。

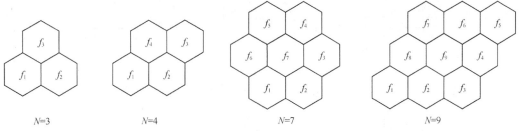

图 5-9 各种单位无线区群

区群的组成应满足两个条件：一是区群之间可以邻接，且无空隙、无重叠地进行覆盖；二是邻接之后的区群应保证各个相邻同信道小区之间的距离相等。此外，同频小区中心间隔距离应满足同频复用时不产生同频干扰的条件。

（2）激励方式

激励方式分为中心激励和顶点激励。中心激励是指在每个小区内，基站可以设在小区的中央，用全向天线形成圆形覆盖区。顶点激励是指将基站设计在每个小区正六边形的 3 个顶点上，每个基站采用 3 副扇形辐射的定向天线，分别覆盖 3 个相邻小区的各 1/3 区域，每个小区由 3 副扇形天线共同覆盖。中心激励和顶点激励的示意图如图 5-10 所示。

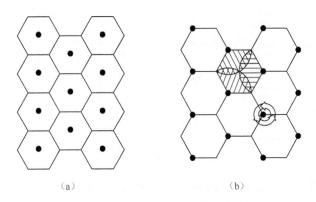

（a）　　　　　　　　　　（b）

图 5-10 中心激励和顶点激励的示意图

5.2.2 双工与多址技术

1. 双工技术

对于点对点之间的通信，按照消息传输的方向与时间关系，通信方式可分为单工通信、半双工通信及（全）双工通信 3 种。

（1）单工通信

单工通信是指通信双方交替地进行收信和发信。根据通信双方是否使用相同的频率，单工通信又可分为同频单工通信和双频单工通信，如图 5-11 所示。通信过程中，通信双方设备平时均处于接收状态，需要发送信号的一方按下开关，关闭接收机，切换至发送状态。

单工通信设备简单、功耗小；但操作不便，如果配合不当往往会出现通话断续现象。单工通信适用于用户少、专业性强的移动通信系统，如交通指挥系统、对讲机等。

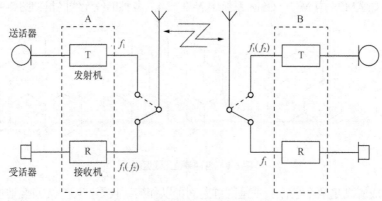

图 5-11　同频单工通信和双频单工通信

（2）半双工通信

半双工通信指双方有一方使用双工方式，即收信机和发信机同时工作，且使用两个不同的频率 f_1 和 f_2，而另一方采用双频单工方式，即收信机和发信机交替工作，如图 5-12 所示。

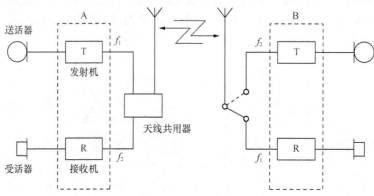

图 5-12　半双工通信

半双工通信设备简单，功耗小，改善了通话断续的现象，但操作仍不方便，适用于专用移动通信系统，如汽车调度等集群调度系统。

（3）双工通信

双工通信是指在通信的任意时刻，线路上存在 A 到 B 和 B 到 A 的双向信号传输，移动通信系统目前主要使用双工通信方式。双工通信主要有两种方式，分别为频分双工和时分双工。图 5-13 所示为频分双工方式。

移动通信技术中，将移动台发给基站的信号称为上行信号，将基站发给移动台的信号称为下行信号。狭义上，双工技术就是指区分用户上、下行信号的方式。

FDD 方式下，系统发送和接收数据使用不同的频段，在上、下行频率之间有双工间隔。GSM、CDMA2000、WCDMA、FDD-LTE 系统都是典型的 FDD 系统。

TDD 方式下，系统的发送和接收使用相同的频段，上、下行数据发送时在时间上错开。TD-SCDMA、TDD-LTE 系统都是典型的 TDD 系统。

5G 关键技术提出了"全双工"的概念，指设备的发射机和接收机占用相同的频率资源同时进行工作，使得通信两端在上、下行时在相同时刻使用相同的频率，突破了现有的 FDD 和

TDD 模式，这是通信节点实现双向通信的关键之一，也是 5G 所需的高吞吐量和低时延的关键技术。

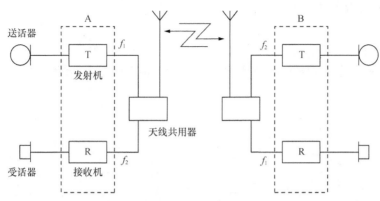

图 5-13 频分双工方式

2. 多址技术

在无线通信中，许多用户同时通话，以不同的无线信道分隔，防止相互干扰的技术称为多址技术。多址技术是移动通信系统升级换代的关键技术之一。多址技术是射频信道复用的技术，在发送端给用户信息赋予不同的特征，然后向空中发射，自然合路；在接收端根据不同的特征，从空中提取自己的信号。信号特征的差异表现在工作频率、时间、编码序列等方面。蜂窝通信系统中常用的多址技术有 FDMA、TDMA、CDMA，如图 5-14 所示，以及空分多址（Space Division Multiple Access，SDMA）。在实际的通信系统中，某一种多址技术可以单独使用，也可以两种或多种多址技术结合使用。

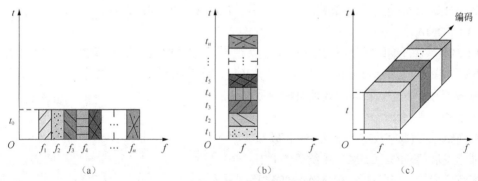

图 5-14 FDMA、TDMA 和 CDMA

（1）FDMA

FDMA 以不同的频率区分不同用户的信道，在一个频率信道中同一时刻只能传输一个用户的业务信息。在 FDD 系统中，分配给用户一个信道，即一对频谱，一个频谱用作前向信道，即基站向移动台方向的信道；另一个则用作反向信道，即移动台向基站方向的信道。这种通信系统的基站必须同时发射和接收多个不同频率的信号，任意两个移动用户之间进行通信都必须经过基站的中转，因而必须同时占用 2 个信道（2 对频谱）才能实现双工通信，如图 5-15 所示（图中以 f 表示不同的频率）。

FDMA 的主要缺点是频谱利用率较低，每个用户（远端站）都要占用一定的频带，尤其在空中带宽资源有限的情况下，FDMA 系统组织多扇区基站会遇到困难。

FDMA 是模拟蜂窝通信系统中的一种基本技术，如 AMPS、TACS 等。现在单纯采用 FDMA 作为多址方式已经很少见。

（2）TDMA

TDMA 是在一个宽带的无线载波上，把时间分成周期性的帧，每个帧再分割成若干时隙（帧或时隙都是互不重叠的），每个时隙就是一个通信信道，分配给一个用户，如图 5-16 所示。

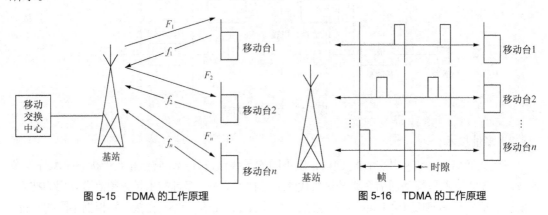

图 5-15　FDMA 的工作原理　　　　图 5-16　TDMA 的工作原理

TDMA 的特点主要体现在以下方面：多个用户共享一个载波频率；非连续传输，使切换更简单；时间插槽可以根据动态 TDMA 的需求分配；由于信元间干扰较小，因此与 CDMA 相比有更宽松的功率控制；高于 CDMA 的同步开销；频率分配更为复杂。

TDMA 只传输数字信息，信息需经过压缩和缓冲存储的过程，在实际使用时常与 FDMA/TDMA 复分使用，如 GSM 系统就采用了 FDMA 和 TDMA 技术。

（3）CDMA

CDMA 是通过编码区分不同用户信息，实现不同用户同频、同时传输的一种通信技术，其工作原理如图 5-17 所示。在发送端，不同用户信息用不同的地址码（图中以 C 表示）调制后传输，接收端用与发送端相同的地址码解调后获取自己的信息。

CDMA 是在数字技术的分支——扩频通信技术上发展起来的。CDMA 系统在 3G 中得到了广泛应用。与以往的 FDMA、TDMA 相比，CDMA 具有多址接入能力强、抗多径干扰、保密性能好等优点。

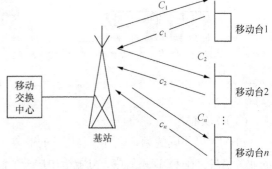

图 5-17　CDMA 的工作原理

（4）SDMA

SDMA 也称为多光束频率复用，基于空间角度分隔信道，频率、时间、码字共享，是指利用占用不同空间的传输介质来分割构成不同信道的技术，其工作原理如图 5-18 所示。SDMA 可实现频率的重复使用，充分利用频率资源。SDMA 是智能天线技术的集中体现，它以天线技术为基础，理想情况下，它要求天线给每个用户分配一个点波束，根据用户的空间位置就可以区分每个用户的无线信号，这样就完成了多址的划分。

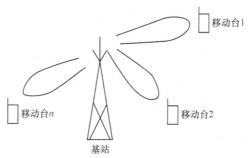

图 5-18　SDMA 的工作原理

5.2.3　功率控制与切换技术

1. 功率控制技术

功率控制技术是移动通信系统的核心技术之一，其作用是对终端、基站的发射功率值按需要进行控制，使系统获得最佳的通信质量和最大的通信容量。功率控制是在对接收机端的接收信号强度或信噪比等指标进行评估的基础上，适时改变发射功率来补偿无线信道中的路径损耗和衰落。这样既维持了通信质量，又不会对同一无线资源中的其他用户产生额外干扰。另外，功率控制使得发射机功率减小，从而延长电池使用时间。

功率控制分为前向功率控制与反向功率控制。

前向功率控制指对基站发射功率实行控制。基站周期性地调低其发射到用户终端的功率值，用户终端测量误帧率。当误帧率超过预定义值时，用户终端要求基站增加它的发射功率。

反向功率控制指对终端发射功率实行控制。反向功率控制又可分为没有基站参与的开环功率控制，以及移动台、基站同时参与的闭环功率控制。反向开环功率控制是移动台根据接收到的总功率估计前向链路损耗，对需要的发射功率进行初始判断。反向闭环功率控制包括两部分：内环功率控制和外环功率控制。内环功率控制的目的是使移动台业务信道的信噪比尽可能地接近目标值。外环功率控制通过动态地调整内环功率控制中信噪比的目标值来维持恒定的目标误帧率，以适应无线环境的变化，保证一定的通信质量。使用外环功率控制和内环功率控制，可以保证有足够的信号能量，使接收机能够正确解调信号，又可以将对其他用户的干扰降至最低。

2. 切换技术

切换是指当移动台处于移动状态时，通信从一个基站或信道转移到另一个基站或信道，并保持通信不中断的过程。上、下行链路质量，上、下行链路信号的测量，距离或业务的变化，更优的小区出现，操作和管理的干涉，业务流量等情况都会触发切换。切换可分为 3 个步骤：无线测量、网络判决、系统执行。

根据切换发生时，移动台与原基站及目标基站的连接方式的不同，可以将切换分为硬切换与软切换两大类。

硬切换是移动台先中断与原基站之间的通信链路，再建立与新的目标基站之间的通信链路，即"先断后连"的切换方式。从原来的服务链路过渡到新的服务链路时，硬切换存在通信中断，但时间非常短（GSM 中要求小于 800ms），一般不影响用户通信过程。采用不同频率的小区之间只能应用硬切换。

软切换指在切换过程中先与目标基站建立通信链路，再切断与原基站的通信链路，即"先连后断"的切换方式。软切换只能在同一频率的信道间进行。软切换过程中，移动台可以同时与原基站及目标基站保持通信，移动台合并从每个基站发送来的信号帧。

有一种特殊的软切换被称为"更软切换"，指相同小区的不同扇区之间的切换。更软切换由基站完成，不需要通知核心网，可能更频繁地发生。

5.2.4 抗干扰与抗衰落技术

移动通信中，为了对抗衰落和干扰，采用了很多抗干扰与抗衰落技术，如信道编码与交织、分集、均衡、扩频等。根据信道的实际情况，这些技术可以独立使用或联合使用。

1. 信道编码与交织

信道编码的作用是尽量减小信道噪声或干扰的影响，以改善通信链路性能。其基本思想是通过引入可控制的冗余比特，使信息序列的各码元和添加的冗余码元之间存在相关性；在接收端，信道译码器根据这种相关性对接收到的序列进行检查，从中发现错误并进行纠错。

信道编码仅能检测和校正单个信道编码差错和不太长的差错串。为了解决成串的比特差错问题，需要联合使用交织技术。交织技术的原理是分散连续的比特，把可能存在的连续差错比特分散，以便于信道解码时纠错。交织技术可分为块交织、卷积交织和随机交织。

2. 分集

分集的基本思想是对接收到的多个衰落独立的信号加以处理，合理地利用这些信号的能量来改善接收信号的质量。分集技术包括宏分集和微分集。

（1）宏分集

宏分集主要用于蜂窝移动通信系统中，也称为"多基站"分集。宏分集是指把多个基站设置在不同的地理位置和不同方向上，同时和小区的一个移动台进行通信，这样就可以获得多个衰落独立、携带同一信息的信号。宏分集主要克服了慢衰落。

（2）微分集

微分集是一种减小快衰落影响的分集技术。在局部地区接收移动无线信号时，信号在时间、空间、频率、角度、电磁波极化方向等上都表现出了独立的衰落特性。据此，微分集又分为时间分集、空间分集、频率分集、极化分集等。

① 时间分集的依据是同一信号在不同时间多次重发，只要时间间隔足够大，各次发送信号的衰落特性就互不相关。因此可以将同一信号间隔一定的时间多次重发。

② 空间分集的依据是在任意两个不同位置上接收同一个信号，在位置相隔距离大到一定程度时，衰落特性不相关。其实现方式是使用两副相隔距离为 d 的天线，相隔距离 d 与信号波长成正比。

③ 频率分集的依据是频率间隔大于相关带宽的两个信号的衰落是不相关的。其实现方式是采用两个或两个以上不同频率传输同一信息，需要使用多个不同频率发射机。

④ 极化分集的依据是不同极化的电磁波有独立的衰落特性。其实现方式是使用两个位置很近，但极化方式不同的天线分别进行收和发以获得分集效果。

（3）合并技术

分集技术对信号的处理包括两个过程：先获得 M 个相互独立的多径信号分量；再对它们进行处理以获得信噪比的改善，即合并技术。接收机对收到的多个具有不同衰落特性的信号进行合并处理，以减小衰落的影响。选择不同的加权系数，可构成不同的合并方式：最佳比值合并、等增益合并、选择式合并。在数字移动通信系统中，从误码率角度进行比较，最佳比值合并对信噪比的改善最好，等增益合并次之，选择式合并改善最少。

3. 均衡

均衡是指接收端的均衡器产生与信道相反的特性，用来抵消信道的时变多径传播特性引起的码间干扰。在带宽受限的信道中，由多径影响的码间干扰会使被传输的信号产生变形，从而在接收时发生误码。码间干扰是移动无线通信信道中传输高速数据时的主要障碍，而均衡是解决码间干扰的有效技术。

均衡器根据已知正确的输出端发射序列，与收到的序列进行比较，得到信道传输模型，在信道解码过程中检错、纠错，把有码间干扰的接收序列转换成无码间干扰的序列。此外，均衡器的参数能够根据信道特性的变化而自行调整，因此均衡器应当是自适应的。

4. 扩频

扩展频谱通信，简称扩频通信，是一种信息传输方式，其信号所占有的频带宽度远大于所传信息必需的最小带宽。频带的扩展是通过一个独立的码序列（一般是伪随机码）来完成，且用编码及调制的方法来实现的，与所传信息数据无关。在接收端，用同样的码进行相关同步接收、解扩及恢复所传信息数据。

扩频通信的理论基础是香农在信息论研究中总结出的信道容量公式，即香农公式：

$$C = W \log_2(1 + S/N) \tag{5-5}$$

式（5-5）中，C 为信息的传输速率，S 为信号平均功率，W 为频带宽度，N 为白噪声平均功率。

由式（5-5）可以看出：为了提高信息的传输速率 C，可以由两种途径实现，即加大带宽 W 或提高信噪比 S/N。换句话说，当信号的传输速率 C 一定时，信号带宽 W 和信噪比 S/N 是可以互换的，即增加信号带宽可以降低对信噪比的要求，当带宽增加到一定程度时，允许信噪比进一步降低，有用信号功率接近噪声功率甚至低于噪声功率也是可能的。因此，扩频可提高通信系统的抗干扰能力，改善通信质量，使通信系统在强干扰情况下仍可保持可靠的通信。

扩频方式有多种，通信中最常用的是直接序列扩频（Direct Sequence Spread Spectrum，DSSS，简称直序扩频）和跳频扩频（Frequency Hopping Spread Spectrum，FHSS）及其混合方式（DS/FH）。

5.3 常用移动通信系统

移动通信系统的种类繁多，包括广泛使用的蜂窝移动通信系统、卫星移动通信系统、集群移动通信系统，以及无绳电话系统、20 世纪 90 年代曾被使用的无线寻呼系统等。本节主要介绍蜂窝移动通信系统、卫星移动通信系统和集群移动通信系统。

5.3.1 蜂窝移动通信系统

蜂窝移动通信系统采用蜂窝无线组网方式，在终端和网络设备之间通过无线通道连接起来，进而实现用户在活动状态下的通信。其主要特征是终端具有移动性，并具有越区切换和跨本地网自动漫游功能。

常见的蜂窝移动通信系统按照功能和覆盖区域分为不同的种类，如宏蜂窝、微蜂窝等。例如，宏蜂窝中每个小区的覆盖半径大多为 1~25km，基站天线尽可能做得很高。微蜂窝技术具有覆盖范围小、传输功率低及安装方便灵活等优点，小区的覆盖半径为 30~300m，基站天线低于屋顶高度，传播主要沿着街道的视线进行，信号在楼顶的泄露小。微蜂窝可以作为宏蜂窝的补充和延伸，微蜂窝的应用特点主要有两个：一是提高了覆盖率，应用于一些宏蜂窝很难覆盖到的盲区，如地铁、地下室；二是提高了容量，主要应用于高话务量地区，如繁华的商业街、购物中心、体育场等。

根据连接、覆盖方式，蜂窝移动通信系统可分为多重结构，如图 5-19 所示。

其中，小区指一个基站或基站的一部分（扇形天线）所覆盖的区域；基站区域是一个基站所覆盖的所有小区的区域；位置区指移动台可任意移动，不需要进行位置更新的区域，可由一个或若干个小区组成；MSC 区是一个 MSC 所管辖的所有小区共同覆盖的区域，一个 MSC 区可由一个或若干个位置区组成；PLMN 服务区由若干个MSC 区组成；系统服务区指移动台可获得服务的区域，可由若干个同标准公用移动电话网组成。

图 5-19　蜂窝移动通信系统
无线覆盖区域结构

移动通信系统已经经历了四代的变化，并已经向第五代技术演进，无论是网络架构还是关键技术都在不断发展变化。下面介绍几种最具代表性的蜂窝移动通信系统。

1. GSM 通信系统

（1）网络结构

GSM 网络结构是典型 2G 数字移动通信系统结构，可分为 4 个组成部分：网络交换子系统（Network Switching Subsystem，NSS）、基站子系统（Base Station Subsystem，BSS）、移动台（Mobile Station，MS）和操作维护子系统（Operation Support Subsystem，OSS）。GSM 网络结构如图 5-20 所示。

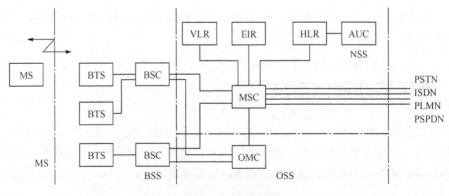

图 5-20　GSM 网络结构

移动交换中心（Mobile Switching Center，MSC）具有电话交换功能，具体包含呼叫建立，路由选择，控制、终止呼叫；交换区内切换；提供业务，计费；提供信令及网络接口。用户终端通过 MSC 与 PSTN、综合业务数字网（Integrated Services Digital Network，ISDN）、PLMN、分组交换公用数据网（Packet Switched Public Data Network，PSPDN）连接。

归属位置寄存器（Home Location Register，HLR）负责移动用户管理的数据库，永久存储和记录所辖区域内用户的签约数据，并动态地更新用户的位置信息，以便在呼叫业务中提供被呼叫用户的网络路由。

访问用户位置寄存器（Visitor Location Register，VLR）是一个动态数据库，存储所管辖区域中用户的来话、去话呼叫所需的检索信息及用户签约业务和附加业务的信息，如客户的号码、所处位置区域的识别、向客户提供的服务等参数。

鉴权中心（Authentication Center，AUC）是认证移动用户的身份和产生相应鉴权参数（随机数 RAND、符号响应 SRES、密钥 Kc）的功能实体。

设备识别寄存器（Equipment Identification Register，EIR）是存储有关移动台设备参数的数据库，主要完成对移动设备的识别、监视、闭锁等功能。

基站收发信台（Base Transceiver Station，BTS），其功能为收、发无线信号，提供与 MS 的接口及无线链路。由 BSC 控制并服务于某小区的无线收发设备，完成信道转接、与 MS 间的无线传输及相关控制。

基站控制器（Base Station Controller，BSC），其功能为各种接口管理、无线资源和无线参数管理。

操作维护中心（Operation and Maintenance Center，OMC）用于操作维护系统中的各功能实体。

（2）关键技术

GSM 通信系统使用了频分双工技术，双频覆盖，包括 900MHz 和 1800MHz。在 900MHz 频段，上行为 890～915MHz，下行为 935～960MHz，双工间隔 45MHz，工作带宽为 25MHz；在 1800MHz 频段，上行为 1710～1785MHz，下行为 1805～1880MHz，双工间隔 95MHz，工作带宽为 75MHz。

GSM 通信系统采用的多址方式为 FDMA 和 TDMA 的混合技术，即先把总频段划分成若干载频间隔为 200kHz 的频道，再将每个频道划分为 8 个时隙，用户使用的信道是在某个频道上的一个时隙。

2. UMTS 通信系统

（1）网络结构

通用移动电信系统（Universal Mobile Telecommunications System，UMTS）是采用 WCDMA 空中接口技术的 3G 技术，由核心网（Core Network，CN）、通用电信无线接入网（Universal Telecommunication Radio Access Network，UTRAN）和用户设备（User Equipment，UE）组成，如图 5-21 所示。

CN 负责对语音及数据业务进行交换和路由查找，以便将业务连接至外部网络，包括 MSC/VLR、网关移动交换中心（Gateway Mobile Switching Center，GMSC）、GPRS 服务支持节点（Serving GPRS Support Node，SGSN）、网关 GPRS 支持节点（Gateway GPRS Support Node，GGSN）、HLR 等网络单元。

UTRAN 负责处理所有与无线通信有关的功能，包括基站设备 NodeB 和无线网络控制器 RNC 两部分。NodeB 的逻辑功能相当于 GSM 中的 BTS，RNC 的逻辑功能相当于 GSM 中的 BSC。

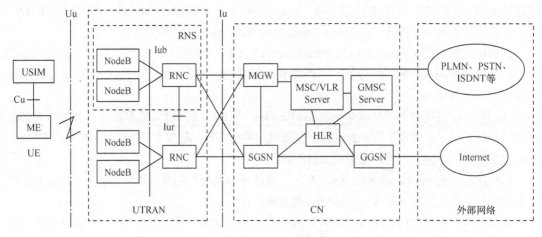

图 5-21　UMTS 网络结构

UE 主要包括射频处理单元、基带处理单元、协议栈模块及应用层软件模块等。

（2）关键技术

ITU 为 WCDMA 定义了 FDD 和 TDD 两种模式，我国使用的是 FDD 模式，即上、下行链路分别使用两个独立的 5MHz 的载波。上行使用的频段为 1940～1955MHz，下行使用的频段为 2130～2145MHz。

WCDMA 是一个直接序列码分多址（Direct Sequence CDMA，DS-CDMA）系统，即通过用户数据与由 CDMA 扩频码得来的伪随机比特（称为码片）相乘，把用户信息比特扩展到宽的带宽上去，从而实现 3.84Mchip/s 的码片速率。

3.　CDMA2000 1x 系统

（1）网络结构

CDMA2000 是 IMT-2000 系统的主要标准之一，不仅继承了第二代 IS-95 CDMA 系统电路域部分（包括 BTS、BSC、MSC、HLR、VLR 等），还增加了分组域部分。其新增了核心网中的分组控制功能（Packet Control Function，PCF）和分组数据服务节点（Packet Data Serving Node，PDSN）模块，以支持分组数据业务传输。PCF 用于转发无线子系统和 PDSN 分组控制单元之间的消息，主要功能是对分组数据业务的控制。实际使用中，PCF 可能是集成在 BSC/MSC 中的某些板卡，也可能是单独的设备。PDSN 是在 CDMA2000 1x 系统分组域中负责建立和终止点到点协议连接的模块，为用户提供分组数据业务的管理和控制，是将用户端接入 Internet 的模块。CDMA2000 1x 网络结构如图 5-22 所示。

（2）关键技术

CDMA2000 系统是由 IS-95 标准演进而来的第三代移动通信系统，一个载波带宽为 1.25MHz。如果系统分别独立使用每一个载波，则称为 CDMA2000 1x，每个载波均采用码片速率为 1.2288Mchip/s 的 DS-CDMA，双工方式为 FDD。我国上行使用频段为 825～835MHz，下行使用频段为 870～880MHz。

CDMA2000 1x 的下一个发展阶段为"增强型仅有数据的（Evolution Data Only，EVDO）"，在结构上仅保留了分组域的部分，而没有电路域的部分。EVDO 在 CDMA 技术的基础上引入了 TDMA 技术的一些特点，从而大幅度提高了数据业务的性能。

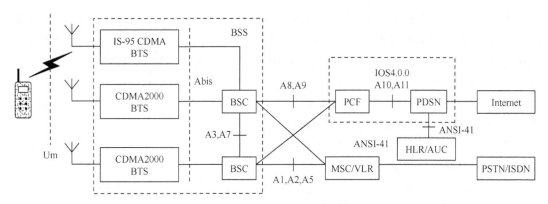

图 5-22　CDMA2000 1x 网络结构

EVDO 仅提供分组数据业务，而不提供语音业务。因此，CDMA2000 1x 系统与 EVDO 系统分别使用独立的载波，移动台使用双模方式支持语音和数据业务。

4. LTE 通信系统

（1）网络结构

4G 移动通信系统称为演进型分组系统（Evolved Packet System，EPS），网络结构分成以下 3 个部分，如图 5-23 所示。

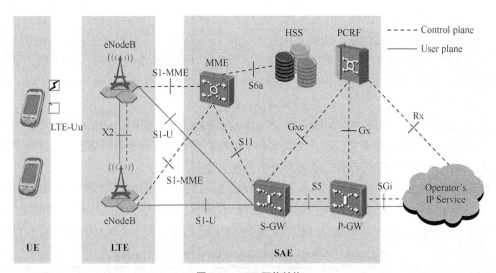

图 5-23　LTE 网络结构

① 用户设备（UE），其品类包括手机、上网卡、用户侧设备（Customer Premise Equipment，CPE）、移动无线路由器，甚至各种智能家电。

② 无线接入网部分（LTE），又称为演进型通用陆地无线接入网（Evolved Universal Terrestrial Radio Access Network，E-UTRAN）。根据 3GPP 对 4G 网络低时延的要求，LTE 无线接入网系统架构采用了扁平化设计，无线接入网中只有一种网元，即 eNodeB，取消了 3G 无线接入网中的 RNC，很多传统 RNC 的工作都转移到了 eNodeB 上。

eNodeB 的主要功能包括射频处理、信道编码、调制与解调、接入控制、承载控制、移动性管理、无线资源管理等。

③ 核心网部分系统架构演进（System Architecture Evolution，SAE），又称为演进型分组核心（Evolved Packet Core，EPC）网。EPC 网取消了电路域（CS 域），只保留分组域（PS 域），从而减少了相应的网元、简化了网络架构，也为网络的 IP 化奠定了基础。EPC 包括了移动性管理实体（Mobility Management Entity，MME）、服务网关（Serving-Gateway，S-GW）、PDN 网关（PDN- Gateway，P-GW）、归属签约用户服务器（Home Subscriber Server，HSS）、策略和计费规则功能（Policy and Charging Rules Function，PCRF）网元。

MME 属于控制面网元，主要负责信令处理及移动性管理、用户上下文和移动状态管理、分配用户临时身份标识等。

S-GW 属于用户面网元，负责用户数据的传输、转发、路由切换，是 LTE 内的锚点网关。

P-GW 也属于用户面网元，P-GW 是 UE 连接外部 IP 网络的网关，是 EPS 和外部分组数据网络间的边界路由器。S-GW 和 P-GW 接受 MME 的控制，承载用户面数据。

HSS 为服务数据管理网元，存储用户签约信息的数据库，类似于传统无线网络中的 HLR。

PCRF 网元为策略和计费规则网元，主要用于服务质量的策略控制和计费控制。

（2）关键技术

LTE 主要的设计目标为三高、两低、一平。三高即高峰值速率、高频谱效率、高移动性；两低即低时延、低成本；一平即扁平化网络架构。LTE 系统引入了 OFDM 和 MIMO 等关键技术，显著增加了频谱效率和数据传输速率，并支持多种带宽分配，如 1.4MHz、3MHz、5MHz、10MHz、15MHz 和 20MHz 等，且支持全球主流 2G/3G 频段和一些新增频段，因而频谱分配更加灵活，系统容量和覆盖也显著提升。

作为 LTE 系统的关键技术，OFDM 将高速串行的数据流变换成低速并行的数据流，通过插入循环前缀，对抗子载波间干扰，因此人们选择 OFDMA 作为 LTE 的下行多址技术。然而，OFDM 存在较大的峰均比问题，上行方向采用 SC-FDMA 作为多址方式。

作为提高速率的一种技术，MIMO 从空间的维度来提高数据速率。MIMO 技术分为空间复用、空间分集和波束赋形 3 类。而高阶调制和自适应编码则是从调制编码角度，根据不同的信道状况，实时改变调制编码方式，从而加快系统数据速率。

LTE 系统支持 FDD 和 TDD 两种双工方式。TD-LTE 和 LTE FDD 两种国际标准相互融合并共同发展。2013 年 12 月，我国工业和信息化部颁发了 TD-LTE 牌照，2015 年 2 月，我国工业和信息化部再次颁发了 LTE FDD 牌照。中国移动、中国电信及中国联通获得的 TDD 和 FDD 的频段如表 5-1 所示。

表 5-1　　　　　　　中国移动、中国电信及中国联通获得的 TDD 和 FDD 的频段

运营商	TDD 带宽/MHz	TDD 频段/MHz	FDD 带宽/MHz	FDD 频段/MHz
中国移动	130	1880～1900、2320～2370、2575～2635	12	上行 892～904下行 937～949
中国电信	40	2370～2390、2635～2655	15	上行 1765～1780下行 1860～1875
中国联通	40	2300～2320、2555～2575	10	上行 1755～1765下行 1850～1860

5.3.2　卫星移动通信系统

卫星移动通信是指利用卫星实现移动用户之间或移动用户和固定用户之间的相互通信。卫

星移动通信系统将地面蜂窝移动通信的有关技术与微波传输技术、卫星多波束覆盖、星载处理技术相结合，实现向人口密集地区和人口稀少地区提供更大范围的移动通信，也可以在运动的汽车、火车甚至飞机中进行通信，其业务包括语音、数据和定位测向等。

1. 卫星移动通信系统的分类

卫星移动通信系统按其不同的属性具有不同的分类方式。

按卫星移动通信系统的业务，可将其分为以下几种。

① 海事卫星移动通信系统（Maritime Mobile Satellite System，MMSS），主要用于改善海上救援工作，提高船舶使用的效率和管理水平，增强海上通信业务和无线定位能力。

② 航空卫星移动通信系统（Aviation Mobile Satellite System，AMSS），主要用于飞机和地面之间为机组人员和乘客提供语音和数据通信。

③ 陆地卫星移动通信系统（Landsat Mobile Satellite System，LMSS），主要用于为行驶的车辆提供通信。

按卫星移动通信系统中卫星的轨道，可将其分为以下几种。

① 同步卫星通信系统。同步卫星运行轨道处于地球赤道平面内，运行方向与地球自转方向一致，绕地球一圈的时间与地球自转一周的时间相同（24 小时）。从地面看卫星是"静止"不动的，即地面上各点与卫星之间的相对位置不变，因此又称之为静止轨道卫星。同步静止轨道卫星距地面高度为 35785.6km，使用 3 颗同步卫星适当配置，即可建立除两极（南极和北极）地区以外的全球通信。

甚小口径卫星终端站（Very Small Aperture Terminal，VSAT）属于同步卫星通信系统。VSAT可以应用于卫星电视广播、应急通信和边远地区通信，在金融证券系统、交通运输、水利建设等专网及军事上也有很好的应用。

倾斜地球同步轨道卫星（Inclined GeoSynchronous Orbit，IGSO）也属于同步卫星通信系统，高度与同步卫星通信系统相同。通常，同步卫星通信系统的轨道倾角是 0°，而 IGSO 的轨道倾角是大于 0° 的任何轨道。IGSO 运行周期也是 24 小时，在相对地面的运动中会看到大写的"8"字形，所以又称为"大 8 字形轨道"，其中心位于赤道某设定的经度上。

② 非同步卫星通信系统。非同步卫星通信系统又可分为中轨道卫星系统（Middle Earth Orbit，MEO）、高倾斜椭圆轨道卫星系统（Highly Elliptical Orbit，HEO）和低轨道卫星系统（Low Earth Orbit，LEO）。

中轨道卫星系统是由轨道高度 5000～15000km 的卫星群（星座）构成的移动通信系统。轨道高度的降低，可避免高轨道卫星通信的缺点，并能够为用户提供体积、重量、功率较小的移动终端设备。用较少数目的中轨道卫星亦可构成全球覆盖的移动通信系统。有代表性的 MEO主要有国际海事卫星组织的 ICO、TRW 空间技术集团公司的奥德赛和欧洲宇航局开发的MAGSS-14 等。

高倾斜椭圆轨道卫星系统具有较低近地点和极高远地点的椭圆轨道，其远地点为 39500～50600km，近地点为 1000～2100km。具有大倾斜角度的高椭圆轨道卫星可以覆盖地球的极地地区，这是运行于地球同步轨道的卫星所无法做到的。

低轨道卫星系统一般是指运行轨道在距离地面 500～2000km 的卫星。卫星形成的覆盖小区在地球表面很快移动，绕地球一周约 2 小时。LEO 可以用于军事目标探测，利用低轨道卫星容易获得目标物高分辨率图像。低轨道卫星也用于手机通信，卫星的轨道高度低使得传输时延短、路径损耗小。全球星系统是最有代表性的低轨道卫星移动通信系统，其基本设计思想是利用 LEO 卫星组成一个连续覆盖全球的移动通信卫星系统，向世界各地提供语音、数据或传真、无线电定位业务。

2. 卫星通信系统的应用

全球范围内较成熟的卫星导航系统包括中国的北斗卫星导航系统（BeiDou Navigation Satellite System，BDS）、美国的全球定位系统（Global Positioning System，GPS）、俄罗斯的全球卫星导航系统（Global Navigation Satellite System，GLONASS）、欧洲的伽利略卫星导航系统（Galileo Satellite Navigation System，GNS）。四者功能相似，均能为用户提供低成本、高精度的三维位置、速度和精确定时等导航信息，极大地提高了社会的信息化水平，有力地推动了数字经济的发展。

（1）BDS

BDS 是中国着眼于国家安全和经济社会发展需要，自主建设、独立运行的卫星导航系统，是为全球用户提供全天候、全天时、高精度的定位、导航和授时服务的国家级重要空间基础设施。2018 年 12 月，BDS 开始提供全球服务，这标志着 BDS 正式迈入全球时代。

BDS 由空间段、地面段和用户段 3 部分组成。

① 空间段。北斗卫星导航系统空间段由若干颗地球静止轨道卫星、倾斜地球同步轨道卫星和中圆地球轨道卫星 3 种轨道卫星组成混合导航星座。

② 地面段。BDS 地面段包括主控站、时间同步/注入站和监测站等若干地面站。

③ 用户段。BDS 用户段包括北斗兼容其他卫星导航系统的芯片、模块、天线等基础产品，以及终端产品、应用系统与应用服务等。

北斗卫星发射日期及类型（部分）如表 5-2 所示。

表 5-2 北斗卫星发射日期及类型（部分）

卫星名称	发射日期	轨道
第 1 颗北斗导航实验卫星	2000.10.31	同步卫星通信系统
……	……	……
第 4 颗北斗导航实验卫星	2007.2.3	同步卫星通信系统
第 1 颗北斗导航卫星	2007.4.14	MEO
……	……	……
第 45 颗北斗导航卫星	2019.5.17	同步卫星通信系统

BDS 具有以下特点：一是 BDS 空间段采用 3 种轨道卫星组成混合星座，与其他卫星导航系统相比，高轨卫星更多、抗遮挡能力强，尤其是在低纬度地区，其性能特点更为明显；二是 BDS 提供多个频点的导航信号，能够通过多频信号组合使用等方式提高服务精度；三是 BDS 创新地融合了导航与通信能力，具有实时导航、快速定位、精确授时、位置报告和短报文通信服务五大功能。

（2）GPS

GPS 于 20 世纪 70 年代开始研制，历时 20 余年，耗资 200 亿美元，于 1994 年全面建成。GPS 利用 24 颗定位卫星星座，在全球范围内实时进行定位、导航，全球覆盖率高达 98%。它由 3 部分构成：一是地面控制部分，由主控站、地面天线、监测站及通信辅助系统组成；二是空间部分，由 28 颗卫星（其中 4 颗备用）组成，分布在 6 条交点互为 60° 的轨道面上，距地表 20200 km；三是用户装置部分，由 GPS 接收机和卫星天线组成。

GPS 的应用基于两个基本服务：一是空间位置服务，包括定位、导航、测量（如利用 GPS 定期记录车辆的位置和速度信息，从而计算道路的拥堵情况）；二是时间服务，包括系统同步（如 CDMA 通信系统）和授时（准确时间的授入、准确频率的授入）。

（3）GLONASS

GLONASS 最早开发于苏联时期，后由俄罗斯继续该计划，并于 2011 年 1 月 1 日在全球正式运行。该系统的主要服务内容包括确定陆地、海上及空中目标的坐标及运动速度信息等。

GLONASS 星座由 30 颗卫星组成，包括 27 颗工作星和 3 颗备份星，27 颗工作星均匀地分布在 3 个近圆形的轨道平面上，这 3 个轨道平面两两互为 120°，每个轨道面有 8 颗卫星，同平面内的卫星之间相隔 45°，轨道高度为 23600 km，运行周期为 11 小时 15 分，轨道倾角为 64.8°。

（4）GNS

GNS 是由欧盟研制和建立的全球卫星导航定位系统，该计划于 1999 年 2 月由欧洲委员会公布，由欧洲委员会和欧洲空间局共同负责。该系统由轨道高度为 23616 km 的 30 颗卫星组成，其中 24 颗工作星、6 颗备份星，位于 3 个倾角为 56° 的轨道平面内。

GNS 同样应用于导航、定位、授时，在飞机导航和着陆系统、铁路安全运行调度、海上运输系统、陆地车队运输调度、精准农业方面也提供服务。

5.3.3　集群移动通信系统

集群移动通信系统的多个用户（部门、群体）公用一组无线电通道，并动态地使用专用通道，即把有限的信道动态地、自动地、迅速地和最佳地分配给整个系统的所有用户，以便最大限度地利用整个系统的信道的频率资源。它运用交换技术和计算机技术，为系统的全部用户提供了很强的分组能力。可以说，集群移动通信系统是一种特殊的用户程控交换机。

集群系统作为无线指挥调度的手段，其主要应用对象是一些专业部门，如公安、部队、厂矿及近来兴起的城市应急联动部门，这些部门的专用集群网所需的覆盖范围也不一样。在地势较平坦的城市中，大区制的集群系统覆盖半径可以达到 15 km 以上，小区制的集群系统覆盖半径通常小于 5 km。

习题

1. 什么是移动通信？移动通信有哪些特点？
2. 分集的含义是什么？常用的分集技术和合并技术有哪些？
3. 什么是扩频？扩频系统是如何提高抗干扰能力的？
4. 移动通信的多址技术如何分类？

06

第 6 章　数据通信网

　　信息在不同的场合中有不同的定义，在电信领域中，信息一般分为数据、语音和图像三大类。其中，数据是指含有某种特定含义的数字信号的组合，如字母、数字、符号等，传输时必须转换成二进制代码"0"或"1"。数据通信是将这样的数据送到数据信道上进行传输，到达接收端后再恢复出原始数据信息的一种通信方式。

　　本章先介绍了数据通信网，包括简介、发展历程和主要性能指标，再介绍了分组交换网、局域网和物联网的体系结构和应用。

　　学习目标

◆　掌握数据通信网的概念。

◆　掌握分组交换网、局域网、物联网的概念及结构。

6.1　数据通信网概述

数据通信网是用于计算机或数据终端之间进行通信的网络。通常它的覆盖范围较广，如一个城市或者全省、全国乃至全球。本节主要介绍什么是数据通信，数据通信网的发展和主要性能指标。

6.1.1　数据通信网简介

数据通信是因计算机技术与通信技术的发展和渗透而兴起的一种新的通信方式，是计算机和通信相结合的产物。数据通信和数字通信有概念上的区别，数据通信是一种通信方式，而数字通信是一种通信技术体制。在通信系统中，电信号的传输与交换既可以采用模拟技术体制，又可以采用数字技术体制。对于数据通信，在信源和信宿中，数据是以数字形式存在的，但在传输期间，数据既可以是数字形式，又可以是模拟形式。

1. 数据通信的特点

数据通信具有如下几个特点。

① 数据通信是实现人与机器或机器与机器之间的通信，它以计算机为中心。计算机直接参与通信是数据通信的重要特点。

② 对数据传输的准确性和可靠性要求高。

③ 通信速率较高，要求传输响应时间短，可以同时处理大量数据。

④ 数据通信网具有灵活的接口，支持各种设备之间的相互通信。

数据通信可以是点到点的通信，但在大多数情况下是通过数据通信网来实施的。数据通信网是计算机或数据终端之间进行通信的网络，常见的数据通信网有帧中继网、X.25 网、ATM 网和 IP 网等。

2. 数据通信网性能保障机制

数据通信网的业务一般具有对差错敏感、传输速率可变的特点。为了保证稳定的服务性能，网络需要提供相应的机制来解决数据传输中的差错和丢失、网络拥堵、物理线路故障等问题。目前提供的服务性能保障机制主要有以下几类。

（1）差错控制

差错控制负责将源端和目的端之间传输数据时所产生的错误和丢失恢复过来。

（2）拥塞控制

拥塞控制通常发生在网络的数据量开始接近网络的数据处理能力时，其目的是将数据量控制在一定的水平之下。

（3）流量控制

流量控制是一种使目的端通信实体可以调节源端通信实体发出的数据流量的协议机制，它可以调节数据的发送数量和传输速率。

（4）路由选择

路由选择技术可以帮助网络绕开有故障或拥塞的节点，从而提升服务质量。

6.1.2 数据通信网发展历程

数据通信是从 20 世纪 50 年代初开始，随着计算机的远程信息处理应用的发展而发展起来的。早期的远程信息处理系统大多是以一台或几台计算机为中心，依靠数据通信手段连接大量的远程终端，构成的一个面向终端的集中式处理系统。

20 世纪 60 年代末，以美国的阿帕网（Advanced Research Projects Agency Network，ARPANet）的诞生为起点，出现了以资源共享为目的的异机种计算机通信网，从而开辟了计算机技术的一个新领域——网络化与分布处理技术。

20 世纪 70 年代后，计算机网与分布处理技术获得了迅速发展，从而推动了数据通信的发展。1976 年，CCITT 正式公布了分组交换数据网的重要标准——X.25 协议，其后又经多次的完善与修改，为公用与专用数据网技术的发展奠定了基础。20 世纪 70 年代末，ISO 为了推动异机种系统的互连，提出了开放系统互连参考模型，并于 1984 年正式通过，成为一项国际标准。此后，计算机网络技术与应用的发展便按照这一模型来进行。

20 世纪 80 年代，很多用户在本地采用了局域网技术。公司、企业、机关以局域网将本单位的多台个人计算机连接起来，共享本地网络资源，同时通过网桥或路由器接入公共电信网。这类用户的数据特点是数据量大、突发性高。用分组网为这些用户开放业务时，由于用户要传输的数据量大，而分组网的接入速率低、传输时延长，用户收发信息要长时间地等待，这会令用户不满意。由此，人们对分组交换协议进行了简化，产生了帧中继技术。帧中继技术为局域网之间的广域互连提供了一种简洁方便的形式，由于它采用简化的分组交换协议，使传输更加经济有效，因此一出现就得到了广泛应用与高速发展。与此同时，异步传输模式也开始走向实用化。

20 世纪 90 年代初期，Internet 开始进入商业化，1995 年，Internet 的彻底商业化成为 Internet 大发展的强大动力。随着 Internet 在全球的飞速发展，数据通信在整个电信产业中的地位越来越高。目前，世界上绝大多数国家的数据通信业务量都已超过语音业务。

经历 20 多年的发展，中国 Internet 的成长令人惊叹和欣慰。在中国 Internet 的发展历程中，有如下几个里程碑式的事件。

① 1986 年 8 月 25 日，瑞士日内瓦时间 4 点 11 分，北京时间 11 点 11 分，由当时任高能物理所 ALEPH（ALEPH 是在西欧核子中心高能电子对撞机 LEP 上进行高能物理实验的一个国际合作组，我国科学家参加了 ALEPH 组，高能物理所是该国际合作组的成员单位）组长的吴为民，从北京发送给 ALEPH 的领导——位于瑞士日内瓦西欧核子中心的诺贝尔奖获得者斯坦伯格的电子邮件是中国的第一封国际电子邮件。

② 1989 年 8 月，中国科学院承担了国家计划委员会立项的"中国国家计算机与网络设施（The National Computing and Networking Facility of China，NCFC）"项目，NCFC 是中国科技网的前身。而后，由中国设计的"中国教育和科研计算机网示范工程"于 1995 年 12 月建设完成，中国公用计算机 Internet 于 1996 年 1 月正式开通并提供服务，中国金桥信息网接入美国的 256K 专线并于 1996 年 9 月 6 日正式开通。

③ 1997 年 10 月，四大骨干网实现了互连互通，使得中国 Internet 的基础建设向前迈了一大步。随后，中国 Internet 骨干网的后期建设全面扩大了中国 Internet 的应用和使用规模，为之后 Internet 的飞速发展打下了坚实的基础。

6.1.3　数据通信网主要性能指标

数据传输的目的就是及时、有效地传递信息。衡量数据传输的性能指标主要分为有效性和可靠性两个维度。数据传输的有效性性能指标包括码元传输速率 R_B 和信息传输速率 R_b，可靠性性能指标主要包括误码率和误信率。

1.　码元传输速率 R_B

码元传输速率又称波特率、码元速率或调制速率，是指单位时间（每秒）内所传输的码元数目，即每秒载波调制状态改变的次数，单位为波特（Baud）。码元传输速率表示信号调制过程中，一秒内调制信号（即码元）变换的次数。如果一个调制信号波的时间长度为 T，那么码元传输速率为

$$R_B = \frac{1}{T} \tag{6-1}$$

2.　信息传输速率 R_b

信息传输速率又称为传信率、数据率，是单位时间（每秒）内系统传输的信息量，单位为比特每秒（bit/s）。

比特是英文 binary digit 的缩写译音，意为二进制数字。在二进制中，一个二进制数字就叫作 1bit。在实际应用中，"比特"这一术语也用来代表脉冲的个数和时间单位，即一个周期脉冲叫作 1bit，一个周期脉冲的时间宽度也可以叫作 1bit。比特在数字通信系统中是信息量的单位，通常把一个二进制码元所传的信息量视为 1bit。信息传输速率即指每秒传输的二进制码元的数目。对于二进制系统，码元传输速率与信息传输速率在数值上是相等的，但是单位不一样，不能混淆。在多进制系统中，信息传输速率和码元传输速率之间的关系为

$$R_b = R_B \log_2 N \tag{6-2}$$

式（6-2）中，N 表示进制数。例如，在四进制中（$N = 4$），已知码元传输速率为 $R_B = 600\text{Baud}$，则信息传输速率为 $R_b = 1200\text{bit/s}$。

3.　可靠性指标

可靠性用差错率来表示，常见的差错率指标有误码率、误信率。

误码率是指通信系统中传错码元的数目与所传输的总码元数目之比，是衡量数据通信系统在正常工作状态下传输质量优劣的一个非常重要的指标。

误信率又称误比特率，是指传错信息的比特数与所传输的总码元比特数之比。误信率的大小，反映了信息在传输中，由于码元的错误判断而造成的传输信息错误的大小。它与误码率从两个不同的层面反映了系统的可靠性。

6.2　分组交换网

分组交换网是继电路交换网和报文交换网之后的一种新型交换网络，是数据通信的基础网，利用该网络平台可以开发各种增值业务。分组交换网的优点是可以在一条电路上同时开放多条虚电路，为多个用户同时使用，网络具有动态路由功能和先进的误码纠错功能，网络性能较好。本节先介绍分组交换和分组交换网的构成，再介绍典型的分组交换网——ATM 网络。

6.2.1 分组交换简介

1. 分组交换的诞生

1970 年左右，人们开始研究一种新的长途数字数据通信的体系结构形式，即分组交换。分组交换是为适应计算机通信而发展起来的一种先进通信手段，它以 CCITT X.25 协议为基础，可以满足不同速率、不同型号的终端与终端、终端与计算机、计算机与计算机间及局域网间的通信，实现数据资源共享。分组交换是形成 Internet 的基础，它是统计时分多路复用的一种形式，允许多对多方式的通信。

分组交换也称包交换，它将用户传输的数据划分成多个更小的等长部分，每个部分叫作一个数据段。在每个数据段的前面加上一些必要的控制信息组成首部，就构成了一个分组。首部用以指明该分组发往何地址，然后由交换机根据每个分组的地址标志，将它们转发至目的地，这一过程称为分组交换。进行分组交换的通信网称为分组交换网。分组交换实质上是在"存储-转发"基础上发展起来的，它兼有电路交换和报文交换的优点。分组交换的本质就是存储-转发，它将所接收的分组暂时存储下来，在目的方向路由上排队，当它可以发送信息时，再将信息发送到相应的路由上，完成转发。其存储-转发的过程就是分组交换的过程。

分组交换的思想来源于报文交换，报文交换也称为存储-转发交换，它们交换过程的本质都是存储-转发，所不同的是分组交换的最小信息单位是分组，而报文交换的最小信息单位是报文。由于以较小的分组为单位进行传输和交换，所以分组交换比报文交换快。

2. 分组交换的分类

按照实现方式，分组交换可以分为数据报分组交换和虚电路分组交换。

数据报分组交换要求通信双方之间至少存在一条数据传输通路。发送者需要在通信之前将所要传输的数据分组准备好，每个数据包都含有发送者和接收者的地址信息。各数据包的传输彼此独立、互不影响，可以按照不同的路由机制到达目的地，并重新组合。

在这种方式中，每个分组按一定格式附加源与目的地址、分组编号、分组起始、结束标志、差错校验等信息，以分组形式在网络中传输。网络只是尽力地将分组交付给目的主机，但不保证所传输的分组不丢失，也不保证分组能够按发送的顺序到达接收端。所以网络提供的服务是不可靠的，也不保证服务质量。数据报方式如图 6-1 所示。主机 H_1 向 H_5 发送的分组，有的经过 A—B—E，有的经过 A—C—E 或 A—B—C—E，主机 H_2 向 H_6 发送的分组，有的经过 B—D—E，有的经过 B—E。数据报方式一般适用于较短的单个分组的报文。其优点是传输时延小，当某节点发生故障时不会影响后续分组的传输；缺点是每个分组附加的控制信息多，增加了传输信息的长度和处理时间，增大了额外开销。

虚电路与数据报方式的区别主要是在信息交换之前，需要在发送端和接收端之间先建立一个逻辑连接，再开始传输分组，所有分组沿相同的路径进行交换转发，通信结束后再拆除该逻辑连接。网络保证所传输的分组按发送的顺序到达接收端，所以网络提供的服务是可靠的，也保证服务质量。图 6-1 中，如采用虚电路方式，主机 H_1 向 H_5 发送的所有分组都经过相同的节点路径 A—B—E，主机 H_2 向 H_6 发送的所有分组都经过相同的节点路径 B—E，分组传输的路径不会发生变化。这种方式对信息传输频率高、每次传输量小的用户不太适用，但由于每个分组头只需标出虚电路标识符和序号，所以分组头开销小，适用于长报文传输。

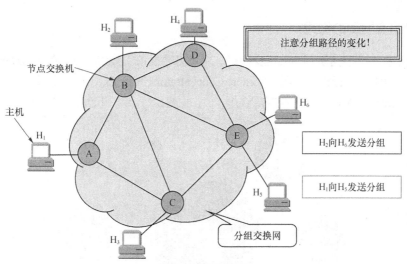

图 6-1　数据报方式

　　虚电路分组交换与电路交换一样，通信双方需要建立连接，与电路交换不同的是，分组交换的连接是虚拟连接（又称为虚电路），连接中不存在一个独占的物理线路。根据虚拟连接的实现方式，可以把虚电路分为交换虚电路和永久虚电路。

　　交换虚电路需要通信双方通过请求建立一个临时连接，然后进行通信，当通信结束之后，该临时连接就被拆除。

　　永久虚电路是通信双方无须请求，只需要按照双方约定建立一个连接，并在约定时间内一直保持。

　　3. **分组交换的特点**

　　从分组交换的基本原理可以得到分组交换具有如下几个特点。

　　（1）信息传输的最小单位是分组

　　分组由组头和用户信息组成，分组头含有选路和控制信息。

　　（2）具有面向连接和无连接两种工作方式

　　虚电路采用了面向连接工作方式，数据报采用了无连接工作方式。

　　（3）统计时分复用（动态分配带宽）

　　统计时分复用的基本原理是把时间划分为不等长的时间片，长短不同的时间片就是传输不同长度分组所需的时间，对每路通信没有固定分配时间片，而是按需使用。由此可见，统计时分复用是动态分配带宽的。

　　（4）信息传输进行差错控制

　　分组交换是专门为数据通信网设计的交换方式，数据业务的特点是可靠性要求高，实时性要求没有电话通信高。因此，在分组交换中，为保证数据信息的可靠性，设有 CRC 校验、重发等差错控制机制，以满足数据业务特性的需求。

　　（5）信息传输不具有透明性

　　分组交换要对所传输的数据信息进行处理，如拆分、重组信息等。

　　（6）基于呼叫延迟的流量控制

　　在分组交换中，当数据流量较大时，分组排队等待处理，而不像电路交换那样立即损失掉，因此，其流量控制基于呼叫延迟。

6.2.2 分组交换网的构成

从设备来看，分组交换网由分组交换机、用户终端设备、分组装拆设备（Packet Assembler/Disassembler，PAD）、远程集中器（Remote Concentrator Unit，RCU）、网络管理中心（Network Management Center，NMC）及传输线路设备等组成，如图6-2所示。下面主要介绍前5种设备的作用。

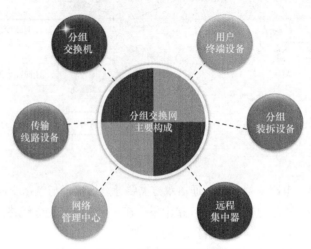

图 6-2 分组交换网的构成

1. 分组交换机

分组交换机实现数据终端与交换机之间的接口协议（X.25）、交换机之间的信令协议（如X.75 或内部协议），并以分组方式存储转发、提供分组网服务的支持，与网络管理中心协同完成路由选择、监测、计费、控制等。根据分组交换机在网络中的位置，分为转发交换机和本地局部交换机两种。转发交换机容量大、线路端口数多、具有路由选择功能，主要用于交换机之间的互连。本地局部交换机容量小、只有局部交换功能、不具备路由选择功能。本地局部交换机可以接至数据终端，也可以接至转发交换机，但只可与一个转发交换机相连，与网内其他数据终端互通时必须经过相应的转发交换机。

2. 用户终端设备

用户终端设备分为分组终端设备和非分组终端设备。分组终端设备是指具有分组处理能力的终端设备，这里的分组处理能力是指报文的拆分和组装。而非分组终端设备不具有分组数据处理能力，对它们不能直接进行分组交换，必须经过分组装拆设备进行转换。

3. 分组装拆设备

分组装拆设备是非分组终端设备接入分组网的接口设备，它的主要功能有以下两个。

（1）规程转换

把非分组终端设备的简单接口规程与 X.25 协议相互转换，非分组终端字符通过 PAD 组成分组，以便发送至交换机；反之，把交换机发来的分组拆成字符，可便于非分组终端设备接收。

（2）数据集中

各终端的数据流组成分组，采用动态复用的原理，从而使线路利用率大大提高了，即接入PAD 的各非分组终端设备速率之和大于 PAD 至交换机的线路传输速率。

4. 网络管理中心

网络管理中心与分组交换机共同协作保证网络正常运行。其主要功能有网络管理、用户管理、测量管理、计费管理、运行及维护管理、路由管理、搜集网络统计信息及必要的控制功能等，是全网管理的核心。

5. 远程集中器

远程集中器的功能类似于分组交换机，通常含有 PAD 的功能，它只与一个分组交换机相连，无路由功能，适用于用户比较集中的地区，一般装在电信部门。

6.2.3 ATM 网络

1. ATM 的定义和特点

20 世纪 70 年代，人们就开始寻求一种通用的通信网络，可适应各种不同类型业务的传输、复用、交换和接入要求，为此引入了窄带综合业务数字网（Narrowband Integrated Services Digital Network，N-ISDN），实现语音和数据在单一网络上的传递，但 N-ISDN 只能提供 64kbit/s～2Mbit/s 的接入能力。随着新业务特别是多媒体业务的出现和普及（如高速数据通信、电视会议、视频点播等），N-ISDN 已经无能为力。为了克服 N-ISDN 的局限性，人们开始寻求一种新型的网络，这种网络能适应全部现有的和将来可能出现的业务，无论是速率低至每秒几比特，还是高至每秒几百兆比特的业务，都以同样的方式在网络中交换和传输，从而实现共享网络的资源。这是一种灵活、高效、经济的网络，它可以适应新技术、新业务的需要，并能充分、有效地利用网络资源。ITU 将这种网络命名为宽带综合业务数字网（Broadband Integrated Services Digital Network，B-ISDN）。B-ISDN 的发展目标是以一个综合的、通用的网络来承载全部现有的和将来可能出现的业务。为此需要研究一种新的信息传递技术以适应 B-ISDN 业务范围大、通信过程中比特率可变的要求，快速分组交换技术在这种背景下应运而生。1988 年，ITU 正式把这种快速分组交换技术命名为 ATM。

ATM 是一种面向连接的技术，ATM 的逻辑连接称为虚连接。虚连接是 ATM 网络中的基本交换单位，ATM 中的许多操作（如资源分配、业务量控制、服务质量保障等）都是在虚连接的基础上进行的。ATM 终端在通信时，首先必须在终端之间建立一条虚连接，用户的数据信元将沿着该连接进行传输。这种面向连接的方式有利于交换节点对信元的高速处理。若采用无连接方式，则交换节点必须完成一些复杂功能，如目的地址选路等，这些开销无疑将影响转发速度。在 ATM 中，每一个虚连接在一条链路上都有一个唯一的标识符来识别，记录在信元头部。交换节点只需简单识别信元头部的虚连接标识，即可快速地进行信元转发。

ATM 是一种以信元为单位的异步转移模式，信元是 ATM 所特有的分组，语音、数据、视像等所有的数字信息被分成长度固定的数据块；异步则意味着来自用户的信息信元流不必是周期性的，主要指异步时分复用和异步交换。

异步时分复用是指将一条线路按照传输速率所确定的周期将时间划分成为帧的形式，将一帧又划分成若干时隙来承载用户数据，但 ATM 中的用户数据不再固定占用各帧中的某个时隙，而是由网络根据用户的请求和网络的资源来动态分配。在接收端，不再按固定时隙关系来提取相应用户数据，而是根据所传输数据的目的信息来接收信息。在 ATM 中，用户数据并不固定地占用某一时隙，而是具有一定的随机性。

在 ATM 中，交换是非固定时隙的，当输入帧进入 ATM 交换机时，先在缓存器中缓存，交换机根据输出帧中时隙的空闲情况，随机地占用某一个或若干个时隙，且时隙的位置也是随机的。这种方式称为异步交换。

ATM 是一种融合电路交换和分组交换的优点而形成的一种新型交换技术，能在单一的主体网络中携带多种信息媒体，承载多种通信业务，并且能够保证服务质量。

相对于电路交换，它用异步时分复用代替了同步时分复用，解决了电路交换信道利用率低和不适用于突发业务的问题，继承了电路交换低时延的优点，摒弃了电路交换信道利用率低的缺点。

相对于分组交换，它采用了固定分组方式，继承了分组交换信息分组带来的传输灵活、信道利用率高的优点，摒弃了分组交换时延大、协议复杂的缺点。

综上所述，ATM 网络具有如下几个特征。

（1）面向分组方式

ATM 中采用信元来承载用户数据，ATM 的各种操作都是围绕信元的交换和处理来设计的。

（2）采用了异步时分复用方式

ATM 采用了异步时分复用方式，用户信息对带宽的占用是动态分配的，各个用户对传输带宽统计共享，因此适用于突发业务。

（3）不提供逐段链路的差错控制和流量控制

在链路（包括交换节点中的内部链路）上出现差错时，ATM 交换节点不会进行任何方式的差错恢复。ATM 假定网络中的链路质量都很高，差错控制功能的实现依赖于端到端的协议，这一点与电路交换是相同的。ATM 交换节点也不支持链路上的流量控制，系统中的队列有可能因为信息的突发而溢出，导致信元丢失。为了防止这种丢失，ATM 提供了预防性措施，即面向连接，并在连接建立时检查和分配资源，使这种信元丢失概率控制在很小的范围内。

（4）信元头功能简化

由于不需要逐段链路的差错控制和流量控制，因此 ATM 信元头的功能很少。其主要功能是根据一个标识符来识别虚连接，以及检查信元头中的差错，防止错误路由导致的信元丢失或误差。由于信元头功能有限，交换节点的处理十分简单，能以很高的传输速率（每秒几百兆比特以上）运行，且只有很小的处理和排队时延。

（5）信元的净荷长度较小

为了降低交换节点内部缓冲器的容量，限制信息在这些缓冲区中的排队时延，ATM 信元中的净荷（信息字段）相对来说定义得比较小，以保证业务传输中的较小时延和抖动。

2. ATM 信元

ATM 传输信息的基本载体是 ATM 信元。ATM 信元是定长的，长度较小，只有 53 字节，分成信元头部和信元有效载荷两部分，其中，信元头部为 5 字节，信元有效载荷为 48 字节。信元头部用于表征信元去向的逻辑地址、优先级等控制信息；48 字节的信息段用来装载来自不同用户、不同业务的信息。

信元通过 ATM 网络时经过了两种类型的接口，一种是 UNI，另一种是 NNI。这两种接口的区别在于前两个字段不同，后面的字段一致，如图 6-3 所示。

在 ATM 信元中，各字段的作用如下。

（1）一般流量控制

一般流量控制（Generic Flow Control，GFC）包含 4 位，只用于 UNI。目前置为 0000，将

来可能用于流量控制或在共享媒体的网络中标示不同的接入。

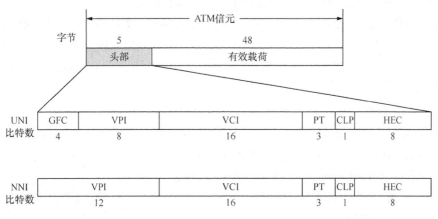

图 6-3　ATM 信元结构

（2）虚通路标识符和虚信道标识符

虚通路（Virtual Path，VP）和虚信道（Virtual Channel，VC）是虚电路的两种形式，虚通路标识符（Virtual Path Identifier，VPI）、虚信道标识符（Virtual Channel Identifier，VCI）字段是分别识别复用接口上各 VP、VC 的标志的，也是信元头部中最重要的部分。VPI、VCI 一起标识了一个虚连接，网络设备根据 VPI/VCI 值进行信元的寻路和复用。在一个接口上，可将若干个 VC 集中起来组成一个 VP，并以 VP 作为网络管理的基本单位。VPI 在 UNI 中为 8 位，在 NNI 中为 12 位，可分别标识 256 条和 4096 条 VP。VCI 字段有 16 位，标识了 VP 中的 VC，因此对每个 VP 定义了 2^{16}=65536 条 VC，即每个虚通路可用复用方式容纳多达 65536 个虚信道。和分组交换类似，同一呼叫的上、下行方向采用相同的 VPI/VCI 值。用户按呼叫来选取 UNI 的 VPI/VCI 进行通信。

注意，VPI、VCI 的取值只有局部意义，即只在通过物理介质直接相连的两个接口之间有效，相同的值在其他接口可以重复使用。在虚线路中，相邻两个交换节点间信元的 VPI/VCI 值保持不变。此两点间形成一条 VC 链，一串 VC 链相连形成 VC 连接。每个 VPI/VCI 在相应的 VP/VC 交换节点上进行处理，相同的 VPI/VCI 值在不同 VP/VC 链路段上并不代表同一个虚连接。

（3）净荷类型

净荷类型（Payload Type，PT）包含 3 位，用于指明信元中的载荷类型，表示信息字段中的内容是数据信元（用户信息）还是管理信元（控制信息）。

（4）信元丢失优先级

信元丢失优先级（Cell Loss Priority，CLP）包含 1 位，用于拥塞控制。当网络出现拥塞时，先抛弃 CLP=1 的信元，并要求网络保证尽可能地传输 CLP=0 的信元。

ATM 网中传输的信元有两种优先级别，通过信元头部中的 CLP 字段来区分。CLP=0 表示优先级高，CLP=1 表示优先级低。当网络发生拥塞时，先丢弃 CLP=1 的信元以缓解拥塞，即牺牲低优先级信元来保证高优先级信元的传输质量。

（5）信头差错控制

信头差错控制（Header Error Control，HEC）包含 8 位，用于信头的差错检验和信元定界处理。HEC 的功能在物理层实现。

信头的差错检验：用来检测信头中的错误，并可纠正信头中 1 位的差错。

信元定界：利用 HEC 字段和它之前的 4 字节的相关性可识别出信头位置。由于不同链路中 VPI/VCI 的值不同，所以在每一段链路上都要重新计算 HEC。

ATM 信元的信头与分组交换中分组头的功能相比更简单，如不再进行逐段链路的检错和纠错。由于链路质量的提高，端到端的差错控制只在需要时由终端处理，HEC 只负责信头的差错控制。另外，信头只用 VPI 和 VCI 标识一个连接，而无须源地址、目的地址和包序号，信元顺序也由各网元保证。

3. ATM 协议栈

如图 6-4 所示，ATM 协议栈由 3 个面和 4 个功能层组成，3 个面为用户面（User Plane，UP）、控制面（Control Plane，CP）和管理面（Management Plane，MP），4 个功能层是物理层、ATM 层、ATM 适配层（ATM Adaptation Layer，AAL）和高层。其中，UP 和 CP 符合 OSI 参考模型。

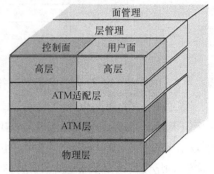

图 6-4　ATM 协议栈

（1）3 个面的主要功能

① 用户面：提供用户信息的传输，同时具有一定的控制功能，如流量控制、差错控制等。用户面采用了分层结构，分为 4 层。

② 控制面：提供呼叫和连接的控制功能，处理网络与终端间 ATM 呼叫和 ATM 连接的建立、保持与释放的信息。控制面也采用了分层结构，分为 4 层。

③ 管理面：提供性能管理、故障管理及各个面间综合的网络管理协议，它又分为层管理和面管理。层管理是监控各层的操作，提供网络资源和协议参数的管理，处理操作维护信息流，采用了分层结构；面管理是对系统整体和各个面间的信息进行综合管理，并对所有平面起协调作用。管理面不分层。

控制面和用户面只是高层和 AAL 不同，而 ATM 层和物理层并不区分用户面和控制面，对这两个平面的处理是完全相同的。

（2）4 个功能层的主要功能

① 物理层。物理层主要是提供 ATM 信元的传输通道，将 ATM 层传来的信元加上其传输开销后形成连续的比特流，同时在接收到物理媒介上传输的连续比特流后，取出有效的信元传给 ATM 层。

为实现信元无差错传输，物理层从下至上被分为物理媒介（Physical Media，PM）子层和传输汇聚（Transmission Convergence，TC）子层，由它们分别保证在光、电信号级和信元级上对信元的正确传输。表 6-1 列出了各子层的主要功能。

表 6-1　　　　　　　　　　　　　　　各子层的主要功能

子层名称	主要功能
传输汇聚子层	◆ 信头差错校正 ◆ 信元同步 ◆ 信元速率适配 ◆ 传输帧的生成
物理媒介子层	◆ 比特定时 ◆ 物理媒体

② ATM 层。ATM 层在物理层之上，利用物理层提供的服务，与对等层间进行以信元为信息单位的通信，并为 AAL 提供服务。ATM 层与物理介质的类型及物理层具体传输的业务类型都是无关的，ATM 层只识别和处理信头。因此，ATM 层提供与业务类型无关的、统一的信元传输功能，即网络只提供到 ATM 层为止的功能，流量控制、差错控制等与业务有关的功能均交给终端系统的高层去完成，从而尽量缩短网内处理时间，实现高速通信。ATM 的基本处理过程如图 6-5 所示。

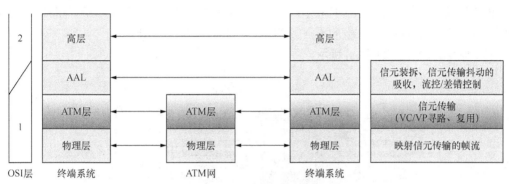

图 6-5 ATM 的基本处理过程

高层的语音、视频、数据、图像等业务先送到 ATM 层，用 AAL 协议进行适配，即用 AAL 的帧格式来封装上层数据，并将数据分割成 48 字节长的 ATM 业务数据单元。ATM 业务数据单元被送到 ATM 层，在此加上 5 字节的信元头，信元头中要标识出 VPI 和 VCI（VPI 和 VCI 在连接建立时已分配好）。ATM 层将具有不同 VPI/VCI 的信元复用在一起交给物理层。在物理层将 ATM 信元封装到传输帧中，并经物理接口送出。

ATM 层功能可以分为三大类：信元复用与解复用、信元头操作和一般流量控制功能。

a. 信元复用与解复用在 ATM 层和物理层的 TC 子层接口处完成，发送端 ATM 层将具有不同 VPI/VCI 的信元复用在一起交给物理层。接收端 ATM 层识别物理层送来的信元的 VPI/VCI，并将各信元送到不同的模块中进行处理。若识别出信令信元，则交由控制面处理；若为 OAM 等管理信元，则交由管理面处理。

b. 信元头操作在用户终端即为填写 VPI/VCI 和 PT，在网络节点中是指对 VPI/VCI 进行翻译。用户信息的 VPI/VCI 值在连接建立时可由主叫方设置，并经过建立的信令消息通知网络节点，由网络节点认可，由网络侧分配。

c. 一般流量控制功能由信头中的 GFC 比特支持。

在以 ATM 技术为基础的网络上，信元的复用和交换处理均与所传输的信息类型（音频数据、图片、文本或活动图像）无关。因为 ATM 网络处理的是形式相同的固定长度信元，可省去许多不必要的检验，从而可直接运用硬件加快处理速度，有效地提高了交换与复用效率。因为交换机只改变 VPI/VCI 的值而不管信元所携带的信息类型，所以 ATM 称为快速交换。

ATM 层提供了虚通路和虚信道两种逻辑信息传输线路。VC 是两个或两个以上的端点间传输 ATM 信元的一条通信信道，ATM 信元的复用、交换和传输过程均在 VC 上进行。在一条 VC 上传输的数据单元均在相同的物理线路上传输，且保持其先后顺序。因此，ATM 交换克服了分组交换中无序接收的缺点，保证了数据的连续性，更适用于多媒体数据的传输。

每个 VP 中可包含若干 VC，并以 VP 为单位进行交换。这样可有效利用带宽，减少处理时间，同时可适应多种类型的业务传输。VP 和 VC 分别用 VPI 和 VCI 来标识。因此，一条 VC 可由传输线路的端口号码、VPI 值和 VCI 值的组合唯一确定。

在虚连接的建立过程中，虚线路上所有的交换节点（或称中继点）都会建立虚连接映射表，以完成输入信元 VPI/VCI 值到输出信元 VPI/VCI 值的转换。

虚连接建立后，需要发送的信息被分割打包，形成包含 5 字节信元头、48 字节信息的信元，经过网络传输到对方。若发送端有一个以上的信息要同时发送给不同的接收端，则可按照上述相同的程序建立到达各自接收端的不同虚线路，并将信元交替地送出。

VPI 与 VCI 的关系如图 6-6 所示。

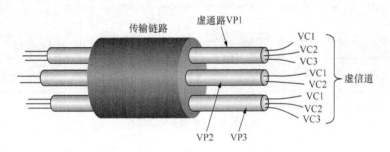

图 6-6　VPI 与 VCI 的关系

ATM 通过 VC 建立连接有两种方式：永久虚电路（Permanent Virtual Circuit，PVC）连接和交换虚电路（Switched Virtual Circuit，SVC）连接。

PVC 是一种静态虚连接，通过网管预先建立。不论是否有业务通过或终端设备接入，PVC 一直保持（不必每次呼叫都进行虚连接配置），直到由网管释放。因此，PVC 类似于电话网中的租用线路，经过 PVC 连接的用户需要通信时，不会因通信网络资源不够而导致通信失败。但这些 PVC 必须手工配置，不能进行大量配置。现在 ATM 网基本上都使用了 PVC。

SVC 是一种动态虚连接。用户需要通信时，由终端用户或终端应用发起连接请求，系统临时建立逻辑通路。SVC 类似于电话网的用户线路，只有经过呼叫请求，网络为通信双方建立起相应虚通路后，才能进行通信，通信完成后，由信令释放 SVC。连接时间由 ATM 网络决定，在系统拥塞时可能失败。但使用 SVC 的用户对网络资源的带宽利用率高，通信费用较低。

③ AAL。AAL 位于 ATM 层之上，对上层屏蔽了 ATM 层中的信元传输功能。

AAL 和业务相关，即针对不同的业务，采用不同的适配方法。但都要将上层传来的信息流（长度、速率各异）分割成 48 字节长的 ATM 业务数据单元，同时将 ATM 层传来的 ATM 业务数据单元组装、恢复再传给上层。

为了提高交换网络的速率，对 ATM 层作了尽可能的简化，而 ATM 层未提供处理的信元丢失、误传、时延、时延抖动等与业务服务质量密切相关的功能，由 AAL 完成。不同类型的业务需要不同的 AAL 协议。

AAL 向上层提供的通信功能称为 AAL 业务或 AAL 协议。根据源和目的的定时、比特率、连接方式将业务分为 4 类，并相应地定义了协议类型 AAL1、AAL2、AAL3/4 及 AAL5。业务类型和 AAL 协议类型的关系如表 6-2 所示。

表 6-2 业务类型与 AAL 协议类型的关系

业务类型	A 类	B 类	C 类		D 类
典型的应用业务	电路仿真定速率信息	变速率信息	连接型数据传输	信令传输	非连接型数据传输
对应的 AAL 协议	AAL 1	AAL 2	AAL 3/4	AAL 5	AAL 3/4 或 AAL 5

④ 高层。根据不同业务特点完成高层功能。

6.3 局域网

相对于广域网（Wide Area Network，WAN）而言，局域网（Local Area Network，LAN）通常是分布在一个有限地理范围内的网络系统，一般所涉及的地理范围只有几千米。局域网专用性非常强，具有比较稳定和规范的拓扑结构。本节主要介绍局域网及其体系结构和无线局域网（Wireless Local Area Network，WLAN）。

6.3.1 局域网简介

1. 局域网的特点和分类

LAN 是在一个局部的地理范围内（如一个学校、工厂和机关内），一般在方圆几千米以内，将各种计算机、外部设备和数据库等互相连接起来组成的计算机通信网。它可以通过数据通信网或专用数据电路，与远方的局域网、数据库或处理中心相连接，构成一个较大范围的信息处理系统。局域网可以实现文件管理、应用软件共享、打印机共享、扫描仪共享、工作组内的日程安排、电子邮件和传真通信服务等功能。局域网由网络硬件和网络软件两部分组成，网络硬件主要包括服务器、客户机、网络设备和传输介质等；网络软件包括网络操作系统和协议等。

局域网一般为一个部门或单位所有，建网、维护及扩展等较容易，系统灵活性高。其主要特点如下：覆盖的地理范围较小，只在一个相对独立的局部范围内互连，如一栋楼或集中的建筑群内；使用专门铺设的传输介质进行联网，数据传输速率高（10Mbit/s～10Gbit/s）；通信延迟时间短，可靠性较高；可以支持多种传输介质。

局域网的类型很多，若按网络使用的传输介质分类，可分为有线网和无线网；若按网络拓扑结构分类，可分为总线型、星形、环形、树形、混合型等；若按传输介质所使用的访问控制方法分类，又可分为以太网、令牌环网和无线局域网等。其中，以太网是当前应用最普遍的局域网。

2. 局域网介质访问控制方法

将传输介质的频带有效地分配给网络上各节点的方法称为介质访问控制方法，即在局域网中共用信道的使用产生竞争时，如何分配信道的使用权，这种分配信道使用权的方法就是介质访问控制方法。

基于分布式的介质访问控制方法有 3 种：适合总线结构的带冲突检测的载波监听多路访问（Carrier Sense Multiple Access / Collision Detection，CSMA/CD）方法、适合环形结构的令牌环（Token Ring）方法、适合令牌总线（Token Bus）的访问控制方法。

（1）CSMA/CD

CSMA/CD 是一种争用型的介质访问控制协议。它起源于美国夏威夷大学开发的 ALOHA

网所采用的争用型协议，进行改进之后，其具有比 ALOHA 协议更高的介质利用率，主要应用于现场总线以太网中。

CSMA/CD 的工作原理：发送数据前先侦听信道是否空闲，若空闲则立即发送数据；若信道忙碌，则等待一段时间，至信道中的信息传输结束后再发送数据；若在上一段信息发送结束后，同时有两个或两个以上的节点都提出了发送请求，则判定为冲突；若侦听到冲突，则立即停止发送数据，等待一段随机时间，再重新尝试。该原理简单总结为先听后发，边发边听，冲突停发，随机延迟后重发。它的主要目的是提供寻址和媒体存取的控制方式，使得不同设备或网络上的节点可以在多点的网络上通信而不相互冲突。

CSMA/CD 适用于总线型和树形拓扑结构的网络，能有效地解决介质共享、信道分配和信道冲突等问题，是目前局域网中最常采用的一种介质访问控制方法。

（2）令牌环访问控制

所谓令牌，是指一个具有特殊格式的信息。令牌在网络信道中一直进行传输，有规律地经过每一个节点。在令牌环网中，所有节点通过接口连成环形拓扑结构。所有节点的数据发送都由在环中传递的"令牌"进行控制，令牌也称权标，总是沿着环单向传递，节点必须持有令牌才能发送数据。

令牌环网的工作流程分为三步。第一步，获取令牌并发送数据帧。网络空闲时各节点都没有帧发送，只有令牌在环路上绕行，此时令牌标记为 00000000，称为空标记。当空闲令牌传到这个节点时，将空标记换为 11111111，称为忙标记，并去掉令牌的尾部，加上数据，成为数据帧，发送到下一个节点。第二步，接收与转发数据。数据帧每经过一个节点就比较数据帧中的目的地址，如果不属于本节点则转发出去；否则在帧中设置已经复制的标志，并向下一个节点转发。第三步，取消数据帧并重发令牌。当数据帧通过闭环重新传到发送节点时，发送节点不再转发，而是检查发送是否成功。如果数据帧传输失败则重发；如果传输成功，则清除该数据帧，并且产生一个新的空闲令牌发送到环上。

（3）令牌总线访问控制

令牌总线访问控制也属于共享介质的局域网，所有计算机都连接在总线上，在物理总线上建立了一个逻辑环，令牌在逻辑环路中依次传递，其工作原理与令牌环相同。

令牌总线主要用于总线型或树形网络结构中。它的访问控制方式类似于令牌环，但它是把总线型或树形网络中的各个工作站按一定顺序（如按接口地址大小）排列成一个逻辑环。令牌总线的工作流程如图 6-7 所示。其中，图 6-7（a）是各节点的物理连接，图 6-7（b）是各节点形成的逻辑环，该图表明节点 G 没有加入逻辑环。

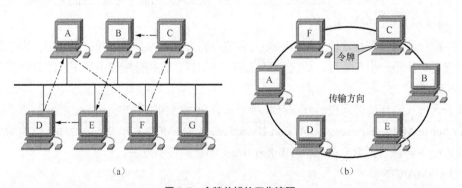

（a）　　　　　　　　　　　　　　　　（b）

图 6-7　令牌总线的工作流程

在令牌总线方式中，只有令牌持有者才能控制总线，才有发送信息的权力。信息双向传输，每个站点都可检测到其他站点发出的信息。在令牌传递时，都要加上目的地址，所以只有检测到并得到令牌的工作站，才能发送信息。这不同于 CSMA/CD 方式，所以在总线型和树形结构中可避免冲突。这种控制方式的优点是各工作站对介质的共享权力是均等的，可以设置优先级，也可以不设置；有较好的吞吐能力，吞吐量随数据传输速率的增快而加大，联网距离较 CSMA/CD 方式大。其缺点是控制电路较复杂、成本高，轻负载时，线路传输效率低。

6.3.2 局域网的体系结构

局域网的标准由 IEEE 802 委员会制定，所制定的标准都以 802 开头，目前共有 14 类与局域网相关的标准，分别如下。

① IEEE 802.1——局域网体系结构、网络管理和网络互连。

② IEEE 802.2——逻辑链路控制（LLC）子层的功能和服务。

③ IEEE 802.3——带冲突检测的载波监听多路访问方法和以太网物理层规范。

④ IEEE 802.4——令牌总线介质访问方法和物理层规范。

⑤ IEEE 802.5——令牌环介质访问方法和物理层规范。

⑥ IEEE 802.6——城域网介质访问方法和物理层规范。

⑦ IEEE 802.7——宽带局域网。

⑧ IEEE 802.8——光纤传输技术。

⑨ IEEE 802.9——综合语音数据局域网。

⑩ IEEE 802.10——网络的安全与互操作。

⑪ IEEE 802.11——无线局域网。

⑫ IEEE 802.12——高速局域网。

⑬ IEEE 802.16——城域无线宽带系统。

⑭ IEEE 802.20——移动宽带无线接入。

局域网的参考模型只相当于 OSI 模型的物理层和数据链路层，并且将数据链路层划分为两个不同的子层，分别为逻辑链路控制（Logical Link Control，LLC）子层和介质访问控制（Medium Access Control，MAC）子层。

MAC 子层的功能是实现共享信道的动态分配，它的任务是控制和管理信道的使用。其可以实现一对多通信，即用一个信道将多个用户连接起来，实现它们之间的相互通信，既保证多个用户能从共享信道把信息发送出去，又能使各用户从这些信号中识别出发给自己的信号并接收信息。MAC 子层可提供广播、组播、点对点通信业务，其信息传输单位是 MAC 帧。

LLC 子层具有差错控制和流量控制功能，可实现数据帧在两个站点之间的可靠传输。LLC 子层与传输介质无关，负责向上层提供统一的服务接口。

6.3.3 无线局域网

在 WLAN 发明之前，人们要想通过网络进行通信，必须先用物理线缆组建一个电子运行的通路，为了提高效率和速率，人们发明了光纤。当网络发展到一定规模后，人们又发现，这种有线网络无论组建、拆装还是在原有基础上进行重新布局和改建，都非常困难，且成本和代价非常高，于是 WLAN 的组网方式应运而生。

WLAN 基于计算机网络与无线通信技术。在计算机网络结构中，逻辑链路控制层及其之上的应用层对不同的物理层的要求可以是相同的，也可以是不同的。因此，WLAN 标准主要针对物理层和介质访问控制层，包含所使用的无线频率范围、空中接口通信协议等技术规范与技术标准。

1990 年，IEEE 802 标准化委员会成立了 IEEE 802.11WLAN 标准工作组。IEEE 802.11（别名 Wi-Fi）是在 1997 年 6 月由大量的局域网专家及计算机专家审定通过的标准，该标准定义了物理层和介质访问控制层的规范。物理层定义了数据传输的信号特征和调制方式，定义了两个射频传输方法和一个红外线传输方法，射频传输标准是跳频扩频和直接序列扩频，工作在 2.4000～2.4835GHz 频段。

IEEE 802.11 是 IEEE 最初制定的一个无线局域网标准，主要用于解决办公室局域网和校园网中用户终端的无线接入，业务主要限于数据访问，速率最高只能达到 2Mbit/s。由于它在速率和传输距离上都不能满足人们的需要，所以 IEEE 802.11 标准被 IEEE 802.11b 所取代了。

1999 年 9 月，IEEE 802.11b 被正式批准，该标准规定 WLAN 工作频段为 2.4～2.4835GHz，数据传输速率达到 11Mbit/s，传输距离控制在 15～45m。该标准是对 IEEE 802.11 的一个补充，采用点对点模式和基本模式两种运作模式，在数据传输速率方面可以根据实际情况在 11Mbit/s、5.5Mbit/s、2Mbit/s、1Mbit/s 等不同速率间自动切换，它改变了 WLAN 设计状况，扩大了 WLAN 的应用领域。IEEE 802.11b 被多数厂商所采用，所推出的产品广泛应用于办公室、家庭、宾馆、车站、机场等众多场合，但是后来出现了许多 WLAN 的新标准，其中 IEEE 802.11a 和 IEEE 802.11g 备受业界关注。

IEEE 802.11a 标准规定 WLAN 工作频段为 5.15～5.825GHz，数据传输速率达到 54Mbit/s 和 72Mbit/s（Turbo 编码方式），传输距离控制在 10～100m。该标准也是 IEEE 802.11 的一个补充，扩充了标准的物理层；采用了 OFDM 技术，可提供 25Mbit/s 的无线 ATM 接口和 10Mbit/s 的以太网无线帧结构接口，支持多种业务，如语音、数据和图像等；一个扇区可以接入多个用户，每个用户可带多个终端。IEEE 802.11a 标准是 IEEE 802.11b 的后续标准，其设计初衷是取代 IEEE 802.11b 标准，然而，工作于 2.4GHz 频段是不需要执照的，该频段属于工业、教育、医疗等专用频段，是公开的，工作于 5.15～5.825GHz 频段是需要执照的，因此一些公司更加看重其后续的混合标准——IEEE 802.11g。

2003 年 6 月，Wi-Fi 联盟发布了 IEEE 802.11g 标准。该标准是对 IEEE 802.11b 的提速（速率从 IEEE 802.11b 的 11Mbit/s 提高到了 54Mbit/s）。IEEE 802.11g 接入点支持 IEEE 802.11b 和 IEEE 802.11g 客户设备，安全性较 IEEE 802.11b 好，采用了两种调制方式，含 IEEE 802.11a 中采用的 OFDM 与 IEEE 802.11b 中采用的补码键控（Complementary Code Keying，CCK），可以与 IEEE 802.11a 和 IEEE 802.11b 兼容。

为了实现大带宽、高质量的 WLAN 服务，使无线局域网达到以太网的性能水平，继 IEEE 802.11a、b、g 之后，Wi-Fi 联盟又发布了 IEEE 802.11n。IEEE 802.11n 标准至 2009 年才得到 IEEE 的正式批准，它采用了 MIMO 和 OFDM 调制技术，且已经大量应用于个人计算机（Personal Computer，PC）、笔记本电脑。

IEEE 802.11n 无线标准在 2009 年 9 月 11 日获得 IEEE 标准委员会正式批准后，IEEE 即全面进入了下一代 IEEE 802.11ac 的制定工作，目标是在 2012 年带来吉比特级别的无线局域网传输速度，当时被称为甚高吞吐量（Very High Throughput）。其实，该项目早在 2008 年上半年已着手开始，2008 年下半年，该项目被分为两部分，一部分是 IEEE 802.11ac，工作在 5.8GHz，用于中短距离无线通信，正式定为 IEEE 802.11n 的"继任者"；另一部分是 IEEE 802.11ad，工作在 60GHz，主要面向家庭娱乐设备。2016 年 7 月 4 日，IEEE 802.11n 标准升级到最新的 IEEE 802.11ac 标准。它采用并扩展了源自 IEEE 802.11n 的空中接口概念，包括更宽的 RF 带宽（提升至 160MHz）、更多的 MIMO 空间流、下行多用户的 MIMO（最多 4 个）及更高阶的调制（达到 256QAM）。

6.4 物联网

物联网是新一代信息技术的重要组成部分，也是"信息化"时代的重要发展阶段。物联网通过智能感知、识别技术与普适计算等通信感知技术，广泛应用于网络的融合。本节主要介绍物联网简介及其体系结构和应用。

6.4.1 物联网简介

1999 年，MIT Auto-ID 中心阿诗顿（Ashton）教授在研究射频识别（Radio Frequency Identification，RFID）时最早提出了物联网的概念。他提出将 RFID 技术与传感器技术应用于日常物品中将会创建一个"物联网"，这项技术将带来人们对机器理解的新纪元。2005 年，在 ITU 发布的物联网报告中，指出物联网是通过 RFID 和智能计算等技术实现全世界设备互连的网络。2009 年 11 月，国务院正式批准同意支持无锡建设国家传感网创新示范区。无锡市率先建立了"感知中国"研究中心，中国科学院、运营商、多所大学在无锡建立了物联网研究院。物联网被正式列为国家五大新兴战略性产业之一，写入了十一届全国人大三次会议政府工作报告，物联网在中国受到了极大的关注。

2010 年，政府工作报告中给出了物联网的定义："物联网是指通过信息传感设备，按照约定的协议，把任何物品与互联网连接起来，进行信息交换和通讯，以实现智能化识别、定位、跟踪、监控和管理的一种网络。"

目前，物联网并没有一个确定的概念，泛在网、泛在传感网、机器类型通信、语义传感网、下一代 Internet 等都是物联网的研究范畴。物联网是一个迅速发展的新概念。

物联网作为一个迅速发展、多行业参与的事物，其定义会随着行业的不同而不同，也会随着物联网的不同发展阶段而变化。但物联网具有如下几个典型特征。

1. 接入对象比较复杂，信息获取更加丰富

当前的信息化，接入对象虽也包括 PC、手机、传感器、仪器仪表、摄像头、各种智能卡等，但主要还是人工操作的 PC、手机、智能卡等，所接入的物理信息也较为有限。未来的物联网接入对象包含了更丰富的物理世界，不但包括了现在的 PC、手机、智能卡，而且随着传感器、仪器仪表、摄像头等的大规模普及和应用，轮胎、牙刷、手表、工业原材料、工业中间产品等物体也因嵌入微型感知设备而被纳入。所获取的信息不仅包括人类社会的信息，还包括更为丰富的物理世界信息，如压力、温度、湿度、体积、重量、密度等。

2. 网络可获得性更高，互连互通更为广泛

当前的信息化，虽然网络基础设施已日益完善，但离"任何人、任何时候、任何地点"都

能接入网络的目标还有一定的距离。即使是已接入网络的信息系统，也有很多并未实现网络互通，信息孤岛现象较为严重。未来的物联网，不仅基础设施非常完善，网络的随时、随地可获得性大为增强，人与物、物与物的信息系统也达到广泛的互连互通，信息共享和相互可操作性可达到很高的水平。

3. 信息处理能力更强大，人类与周围世界的相处更为智能化

当前的信息化，由于数据、计算能力、存储、模型等的限制，大部分信息处理工具和系统还停留在提高效率的数字化阶段，一部分能起到改善人类生产、生活流程的作用，但是能够为人类决策提供有效支持的系统还很少。未来的物联网，不仅能提高人类的工作效率，改善工作流程，还能够通过云计算等思想，借助科学模型，广泛采用数据挖掘等知识进行技术整合和深入分析收集到的海量数据，以获取更加新颖、系统且全面的观点和方法来解决特定问题。

6.4.2 物联网的体系结构

尽管在物联网体系结构上尚未形成全球统一规范，但目前大多数文献根据物联网的服务类型和节点等情况，将物联网分为感知层、网络层和应用层。

1. 感知层

感知层犹如人类的感知器官，物联网依靠感知层识别物体和采集信息。感知层包括信息采集和通信子网两个子层，以传感器、二维码、RFID 等作为数据采集设备，并将采集到的数据通过通信子网的通信模块与网络层的网关交互信息。感知层的主要组成部件有传感器和传感器网关，包括多种发展成熟且差异性很大的技术和设备，如二维码技术、RFID 技术、温/湿度传感、光学摄像头、GPS 设备、生物识别等各种感知设备。在感知层中，目前嵌入有感知器件和射频标签的物体形成的局部网络，协同感知周围环境或自身状态，并对获取的感知信息进行初步处理和判决，以及根据相应规则积极进行响应，同时，通过各种接入网把中间或最终处理结果接入网络层。

2. 网络层

网络层犹如人类的大脑和中枢神经。感知层获取信息后，依靠网络层进行传输。目前，网络层的主体是 Internet、网络管理系统和计算平台，也包括各种异构网络、私有网络。网络层通过各种无线/有线网关、接入网和核心网，实现感知层数据和控制信息的双向传输、路由和控制。接入网包括 OLT、交换机、射频接入单元、3G/4G 蜂窝移动接入、卫星接入等。核心网主要有各种光纤传输网、IP 承载网、下一代网络（Next Generation Network，NGN）、下一代 Internet（Next Generation Internet，NGI）、下一代广电（Next Generation Broadcasting，NGB）网等公众电信网和 Internet，也可以依托行业或企业的专网。网络层包括宽带无线网络、光纤网络、蜂窝网络和各种专用网络，在传输大量感知信息的同时，对传输的信息进行了融合处理。

3. 应用层

应用层是物联网和用户（包括人、组织和其他系统）的接口，能够针对不同用户、不同行业的应用需求，提供相应的管理平台和运行平台，并与不同行业的专业知识和业务模型相结合，实现更加准确和精细的智能化信息管理。应用层应包括数据智能处理子层、应用支撑子层，以及各种具体物联网应用。支撑子层为物联网应用提供了通用支撑服务和能力调用接口。数据智能处理子层是实现以数据为中心的物联网开发核心技术，包括数据汇聚、存储、查询、分析、挖掘、理解，以及基于感知数据决策和行为的理论与技术。数据汇聚将实时、非实时物联网业

务数据汇总后存放到数据库中，以方便后续数据挖掘、专家分析、决策支持和智能处理。

6.4.3　物联网的应用

1. 智能家居

智能家居产品集自动化控制系统、计算机网络系统和网络通信技术于一体，将各种家庭设备（如音/视频设备、照明系统、窗帘控制设备、空调控制设备、安防系统、数字影院系统、网络家电等）通过智能家庭网络联网后实现自动化，通过宽带和无线网络，可以实现对家庭设备的远程操控。

2. 智能医疗

智能医疗系统借助简易实用的家庭医疗传感设备，对家中病人或老人的生理指标进行检测，并将生成的生理指标数据通过固定网络或无线网络传输到护理人或有关医疗单位。根据客户需求，还可以提供其他业务，如紧急呼叫救助服务、专家咨询服务、终生健康档案管理服务等。智能医疗系统可解决现代社会子女们因工作忙碌而无暇照顾家中老人的问题。

3. 智能城市

智能城市产品包括对城市的数字化管理和城市安全的统一监控。前者利用"数字城市"理论，基于 3S（地理信息系统（GIS）、全球定位系统（GPS）、遥感系统（RS））关键技术，深入开发和应用空间信息资源，建设服务于城市规划、建设和管理，服务于政府、企业、公众，服务于人口、资源环境、经济社会的可持续发展的信息基础设施和信息系统。后者基于宽带 Internet 的实时远程监控、传输、存储、管理的业务，对分散、独立的图像采集点进行联网，实现对城市安全的统一监控、统一存储和统一管理，可为城市管理者和建设者提供一种全新、直观、视听觉范围延伸的管理工具。

4. 智能环保

智能环保产品通过实施对地表水质的自动监测，可以实现水质的实时连续监测和远程监控，及时反馈主要流域重点断面水体的水质状况，预警预报重大或流域性水质污染事故，协助解决行政区域的水污染事故纠纷，监督总量控制制度落实情况。

5. 智能农业

智能农业产品通过实时采集温室内温度、湿度信号及光照、土壤温度、CO_2 浓度、叶面湿度、露点温度等环境参数，自动开启或者关闭指定设备。其可以根据用户需求，随时进行处理。智能农业可实现农业综合生态信息自动监测、对环境进行自动控制和智能化管理。通过传感器采集温度、湿度等信号，经由无线信号收、发模块传输数据，实现对大棚环境的远程控制。智能农业产品还包括粮库系统，该系统通过将粮库内温、湿度变化反馈给计算机或手机，以供用户进行实时观察，记录现场情况，以采取相应措施保证粮库内的温/湿度平衡。

6. 智能物流

智能物流可打造集信息展现、电子商务、物流配载、仓储管理、金融质押、园区安保、海关保税等功能为一体的物流园区综合信息服务平台。该信息服务平台以功能集成、效能综合为主要开发理念，以电子商务、网上交易为主要交易形式，建设了高标准、高品位的综合信息服务平台，并为金融质押、园区安保、海关保税等功能预留了接口，可以为园区客户及管理人员提供一站式综合信息服务。

习题

1. 什么是数据通信?
2. 数据通信网的性能指标有哪些?
3. 分组交换网的构成有哪些?
4. 什么是 ATM，ATM 具有哪些技术特征?
5. 局域网介质访问控制方法有哪些?
6. 物联网的体系结构分为哪几层?
7. 物联网的具体应用有哪些?

07

第 7 章　下一代网络

　　为应对通信网发展的挑战，运营商提出建设 NGN。它结合了 IP、ATM、TDM 等技术的优点，采用了开放的分层体系结构，使运营商可以根据需要并在充分利用现有资源的同时，全部或部分使用软交换体系的产品，形成合适的网络解决方案。IP 多媒体子系统（IP Multimedia Subsystem，IMS）代表了 NGN 的发展方向，IMS 不但实现了网络的融合，而且实现了业务的融合。

　　本章主要介绍下一代网络的概念、IMS 的系统架构及下一代网络的发展。

　　学习目标

◆　掌握下一代通信网的概念。

◆　了解 IMS 的系统架构。

◆　了解 NGN 的发展。

7.1 下一代通信网概述

1. 下一代通信网的概念

下一代网络是可以提供包括语音、数据和多媒体等各种业务在内的综合开放的网络架构，它采用分层结构实现网络业务、呼叫控制和承载的分离。从业务层来看，下一代网络为传统电信网、移动通信网和 Internet 等网络提供了统一的业务平台，通过各种网络技术的融合和协作，提供比现有各种网络更有竞争力、更加丰富和灵活的业务。

NGN 是一种业务驱动型网络，通过业务和呼叫完全分离，呼叫控制和承载完全分离，实现相对独立的业务体系，使业务独立于网络。同时，NGN 是一种开放式综合业务架构，是集语音、数据、传真和视频业务于一体的全新的网络。广义的 NGN 就是指下一代融合网，泛指不同于目前一代，大量采用新技术，以 IP 为中心，同时支持语音、数据和多媒体业务的融合网络，如图 7-1 所示；而狭义的 NGN 就是指以软交换为控制层，兼容语音网、数据网、视频网的开放体系架构，如图 7-2 所示。

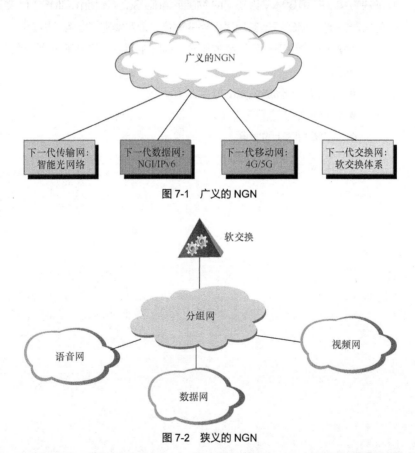

图 7-1　广义的 NGN

图 7-2　狭义的 NGN

从传统电信网到下一代网络的变迁是一个逐步演进的过程，可以有两种演进策略：基于软交换技术的重叠网策略和基于综合交换机的混合网策略。重叠网策略的基本思想是保留现存的电信网，对于日益增长的数据业务和 IP 业务，通过建设一个重叠的分组网络（ATM 网或 IP 路由网）来解决，并利用网关设备实现两个网络的互连互通。以综合交换机为核心的混合网策略的基本思想建立在电路交换的基础框架上，通过新一代的支持 STM、ATM 和 IP 的综合交换机实现多业务在物理节点上的融合。一般认为，重叠网演进策略更加切合实际。

2. NGN 的体系结构

NGN 在体系上分为接入和传输层、媒体层、控制层和网络服务层，如图 7-3 所示。

接入和传输层负责将用户连接至网络，集中用户业务将它们传递至目的地，包括各种接入手段，如固定或移动接入、窄带或宽带接入。

媒体层负责将信息格式转换成为能够在网络上传递的信息格式，例如，将语音信号分割成 ATM 信元或 IP 数据分组。此外，媒体层可以将信息选路至目的地。

控制层包含各种呼叫控制功能。此层决定了用户收到的业务，并能控制低层网络元素对业务流的处理，该层实现了网络端到端的连接。

网络服务层在呼叫建立的基础上提供了各种增值业务，同时提供了开放的第三方可编程接口，易于引入新业务，并负责业务的管理功能。

图 7-3　NGN 的体系结构

3. 软交换的基本概念

在传统的基于 TDM 的电话网和 ISDN 中，提供给用户的各项功能或业务都直接与程控交换机有关，业务和控制都是由交换机来完成的。这种技术使每个用户的语音信号在 64kbit/s 的信道上传输，虽然保证了语音质量，但交换机需要提供的功能和交换机提供的新业务都需要在每个交换节点上完成。在传统的交换网络中，采用依靠交换机和信令提供业务的方式，必须在交换机的技术标准和交换机的信令标准中对开放的每项业务进行详细规范。例如，要增加新业务，需先修订标准并对交换机进行改造，每提供一项新业务都需要较长的时间周期。

为满足用户对新业务的需求，网络中出现了公共的业务平台，即智能网。智能网的出现，实现了呼叫连接和业务提供的分离。这样，交换机完成呼叫连接，智能网提供业务。智能网将呼叫连接和业务提供相分离，极大地提高了网络提供业务的能力，缩短了新业务提供的周期。

但是这种分离仅仅是第一步，随着 IP 技术的发展，很多新型承载网络希望接入 IP 网，如各种接入网、移动网、帧中继网等。因此，从简化网络结构、便于网络发展的观点出发，有必要将呼叫控制和传输承载进行进一步的分离，并对所有的媒体流提供统一的传输平台，这样就提出了分层结构的概念，软交换就是在这样的背景下诞生的。

软交换的基本含义就是把呼叫控制功能从媒体网关中分离出来，通过服务器上的软件实现基本呼叫控制功能，包括呼叫选路、管理控制、连接控制和信令互通。软交换位于网络分层中的控制层，它与媒体层的网关交互作用，接收正在处理的呼叫相关信息，指示网关完成呼叫。软交换主要处理实时业务，如语音业务，也可以包括视频业务和其他多媒体业务。

从广义的角度讲，软交换泛指一种体系结构，利用该体系结构可以建立 NGN 框架，涵盖 NGN 架构中的 4 个功能层面，主要由软交换设备、信令网关、媒体网关、应用服务器等组成。从狭义的角度讲，软交换专指软交换设备。

4. 软交换的主要功能

软交换具有如下几个主要功能。

（1）媒体网关接入功能

媒体网关接入功能是接入 IP 网络的一个端点、网络中继或几个端点的集合，它是分组网络和外部网络之间的接口设备，提供媒体流映射或代码转换的功能。例如，PSTN/ISDN IP 中继媒体网关、ATM 媒体网关、用户媒体网关和综合接入网关等，支持媒体网关控制协议（Media Gateway Control Protocol，MGCP）和 H.248/MEGACO 来实现资源控制、媒体处理控制、信号与事件处理、连接管理、维护管理、传输和安全等多种复杂的功能。

（2）呼叫控制和处理功能

呼叫控制和处理功能是软交换的重要功能之一，可以说是整个网络的"灵魂"。它可以为基本业务、多媒体业务呼叫的建立、保持和释放提供控制功能，包括呼叫处理、连接控制、智能呼叫触发检测和资源控制等。其支持基本的双方呼叫控制功能和多方呼叫控制功能，多方呼叫控制功能包括多方呼叫的特殊逻辑关系，以及呼叫成员的加入、退出、隔离、旁听等。

（3）业务提供功能

在网络从电路交换向分组交换的演进过程中，软交换技术必须能够实现 PSTN/ISDN 交换机所提供的全部业务，包括基本业务和补充业务，还应该与现有的智能网配合提供智能网业务，并与第三方合作，提供多种增值业务和智能业务。

（4）互连互通功能

NGN 并不是一个孤立的网络，尤其是在现有网络向下一代网络的发展演进中，不可避免地要实现与现有网络的协同工作、互连互通、平滑演进。例如，可以通过信令网关实现分组网与现有 7 号信令网的互通；可以通过信令网关与现有智能网互通，为用户提供多种智能业务；可以采用 H.323 协议实现与现有 H.323 体系的 IP 电话网的互通；可以采用会话起始协议（Session Initiation Protocol，SIP）实现与未来 SIP 网络体系的互通；可以采用 SIP 或 BICC 协议与其他软交换技术互连；还可以提供 IP 网内 H.248 终端、SIP 终端和 MGCP 终端之间的互通。

（5）协议功能

软交换是一个开放的、多协议的实体，因此必须采用各种标准协议与各种媒体网关、应用服务器、终端和网络进行通信，最大限度地保护用户投资并充分发挥现有通信网络的作用。这些协议包括 H.323、SIP、H.248、MGCP 等。

（6）资源管理功能

软交换应提供资源管理功能，以对系统中的各种资源进行集中管理，如资源的分配、释放、配置和控制，资源状态的检测，资源使用情况的统计，设置资源的使用门限等。

（7）计费功能

软交换应具有采集详细话单及复式计次功能，并能够按照运营商的需求将话单传输到相应的计费中心。

（8）认证与授权功能

软交换应支持本地认证与授权功能，可以对所管辖区域内的用户、媒体网关进行认证与授权，以防止非法用户、设备的接入。同时，它应能够与认证中心连接，并可以将所管辖区域内的用户、媒体网关信息送往认证中心进行接入认证与授权，以防止非法用户、设备的接入。

7.2 IMS

IP 多媒体子系统（IP Multimedia Subsystem，IMS）是运营商新一代电信核心网络，实现了宽窄带统一接入、固定无线统一接入，兼有融合、IP、多媒体三大特征，能够帮助运营商实现固定移动融合、传统语音到 ICT 融合的转型。IMS 从架构上实现了业务应用层和核心控制层的分离。核心控制层扮演核心控制和用户数据存储角色，业务应用层主要由各种不同的应用服务器与资源服务器组成，提供了各种业务及业务能力。本节主要介绍 IMS 简介、IMS 的系统架构、IMS 的应用及 NGN 的发展。

7.2.1　IMS 简介

IMS 是一个基于 IP 网提供语音及多媒体业务的网络体系架构。IMS 可看作为多种多样的 IMS 业务提供的一个基础平台。

IMS 本质上是一种网络结构。该项技术植根于移动领域，最初是 3GPP 为移动网络定义的，在 NGN 的框架中，终端和接入网络是各种各样的，而其核心网络只有一个——IMS，它的核心特点是采用了 SIP 及与接入的无关性。

顺应网络 IP 化的趋势，IMS 采用 SIP 进行端到端的呼叫控制。IP 技术在 Internet 上的应用已经非常成熟，是 Internet 的主导技术，它能方便而灵活地提供各种信息服务，并能根据客户的需要快捷地创建新的服务。虽然 IP 技术最突出的特性就是"尽力而为"，但其在数据传输的安全性和计费控制方面，却显得力不从心，且只考虑固定接入方式。传统的基于电路交换的移动网络，虽然具有接入的灵活性，可以随时随地进行语音的交换，但由于无法支持 IP 技术，所以只能形成一种垂直的业务展开方式，不同业务应用的互操作性较低，而且需要较多的业务网关接入移动通信网络。不同的业务分别进行业务接入、网络搭建、业务控制和业务应用开发，甚至包括业务计费等主要的网络单元也必须建立独立的运营系统。新业务的部署很容易导致更大的风险和成本增加。在这种情况下，不论是移动网还是固定网均在向基于 IP 的网络演进，这已经成为必然趋势。

然而，要将 IP 技术引入电信领域，就必须考虑到运营商实际网络运营的需求，需要 IMS 网络从网元功能、接口协议、QoS 和安全、计费等方面全面支持固定的接入方式。基于 SIP 的 IMS 框架通过最大限度地重用 Internet 技术和协议、继承蜂窝移动通信系统特有的网络技术和充分借鉴软交换网络技术，使其能够提供电信级的 QoS 保证、对业务进行有效而灵活地计费，并具有了融合各类网络综合业务的强大能力。

至于接入的无关性，是指 IMS 借鉴软交换网络技术，采用基于网关的互通方案，包括信令网关（Signaling Gateway，SGW）、媒体网关（Media Gateway，MGW）、媒体网关控制器（Media Gateway Controller，MGC）等网元，在 MGC 及 MGW 上也采用 IETF 和 ITU-T 共同制定的 H.248/MEGACO 协议。这样的设计使得 IMS 的终端可以是移动终端，也可以是固定电话终端、多媒体终端、PC 等，接入方式不限于蜂窝射频接口，可以是无线的 WLAN，也可以是有线的 LAN、DSL 等技术。另外，由于 IMS 在业务层采用了软交换网络的开放式业务提供构架，可以完全支持基于应用服务器的第三方业务提供，这意味着运营商可以在不改变现有的网络结构、不投入任何的设备成本条件下，轻松地开发新的业务，进行应用的升级。

IMS 技术对控制层功能做了进一步分解，实现了呼叫会话控制功能（Call Session Control Function，CSCF）和媒体网关控制功能在功能上的分离，使网络架构更为开放、灵活。

IMS 以其业务、控制、承载完全分离的水平架构，集中的用户属性和接入无关等特性，既解决了目前软交换技术还无法解决的问题，如用户移动性支持、标准开放的业务接口、灵活的 IP 多媒体业务提供等，又使得 IMS 成为固定和移动网络融合演进的基础。

7.2.2　IMS 的系统架构

IMS 的系统架构由 6 部分组成，如图 7-4 所示。

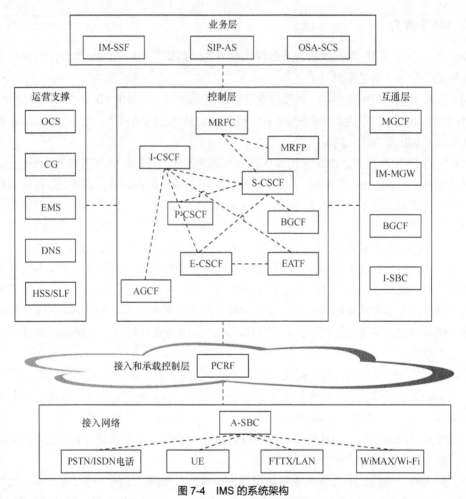

图 7-4　IMS 的系统架构

1. 业务层

业务层与控制层完全分离，主要由各种不同的应用服务器组成，除了在 IMS 网络内实现各种基本业务和补充业务（SIP-AS 方式）外，还可以将传统的窄带智能网业务接入 IMS 网络（IM-SSF 方式），并为第三方业务的开发提供标准的、开放的应用编程接口（OSA-SCS 方式），从而使第三方应用提供商可以在不了解具体网络协议的情况下，开发出丰富多彩的个性化业务。

2. 运营支撑

运营支撑由在线计费系统（Online Charging System，OCS）、计费网关（Charging Gateway，CG）、网元管理系统（Element Management System，EMS）、域名系统（Domain Name System，DNS）及归属用户服务器（Home Subscriber Server，HSS）组成，为 IMS 网络的正常运行提供

了支撑，包括 IMS 用户管理、网间互通、业务触发、在线计费、离线计费、统一的网管、DNS 查询、用户签约、数据存放等功能。

3. 控制层

控制层完成 IMS 多媒体呼叫会话过程中的信令控制功能，包括用户注册、鉴权、会话控制、路由选择、业务触发、承载面 QoS、媒体资源控制及网络互通等功能。

4. 互通层

互通层完成 IMS 网络与其他网络的互通功能，包括公共交换电话网、公共陆地移动网及其他 IP 网络等。

5. 接入和承载控制层

接入和承载控制层主要由路由设备及策略和计费规则功能实体组成，实现 IP 承载、接入控制、QoS 控制、用量控制、计费控制等功能。

6. 接入网络

接入网络提供了 IP 接入承载，可由边界网关（A-SBC）接入多种多样的终端，包括 PSTN/ISDN 用户、SIP UE、FTTX/LAN 及 WiMAX/Wi-Fi 等。

IMS 中涉及的主要功能实体有如下几种。

1. 本地用户服务器

本地用户服务器在 IMS 中作为用户信息存储的数据库，主要存放用户认证信息、签约用户的特定信息、签约用户的动态信息、网络策略规则和设备标识寄存器信息，用于移动性管理和用户业务数据管理。它是一个逻辑实体，物理上可以由多个物理数据库组成。

2. CSCF

CSCF 是 IMS 的核心部分，主要用于基于分组交换的 SIP 会话控制。在 IMS 中，CSCF 负责对用户多媒体会话进行处理，可以看作 IETF 架构中的 SIP 服务器。根据各自不同的主要功能分为代理呼叫会话控制功能（Proxy CSCF，P-CSCF）、问询呼叫会话控制功能（Interrogation CSCF，I-CSCF）和服务呼叫会话控制功能（Serving CSCF，S-CSCF）。

3. 多媒体资源功能

多媒体资源功能（Multimedia Resource Function，MRF）主要完成多方呼叫与多媒体会议功能。MRF 由多媒体资源功能控制器（Multimedia Resource Function Controller，MRFC）和多媒体资源功能处理器（Multimedia Resource Function Processor，MRFP）构成，分别完成媒体流的控制和承载功能。MRFC 负责解释从 S-CSCF 收到的 SIP 信令，并使用媒体网关控制协议指令来控制 MRFP 完成相应的媒体流编/解码、转换、混合和播放功能。

4. 网关功能

网关功能主要包括出口网关控制功能（Breakout Gateway Control Function，BGCF）、媒体网关控制功能（Media Gateway Control Function，MGCF）、IMS 媒体网关（IMS Media Gateway，IMS-MGW）和信令网关。

7.2.3　IMS 的应用及 NGN 的发展

随着通信网络的发展与演进，融合是不可避免的主题，固定和移动的融合（Fixed Mobile

Convergence，FMC）更是迫切要解决的问题。欧洲电信标准协会（European Telecommunications Standards Institute，ETSI）给出了 FMC 的定义，即"固定移动融合是一种能提供与接入技术无关的网络能力。但这并不意味着一定是物理上的网络融合，而是只关心一个融合的网络体系结构和相应的标准规范。这些标准可以用来支持固定业务、移动业务及固定移动混合的业务。固定移动融合的一个重要特征是，用户的业务签约和享用的业务，将从不同的接入点和终端上分离开来，以允许用户从任何固定或移动的终端上，通过任何兼容的接入点访问完全相同的业务，包括在漫游时也能获得相同的业务。"ETSI 在给 FMC 下定义的同时也对固定移动网络的融合提出了相应的要求。

IMS 进一步发扬了软交换结构中业务与控制分离、控制与承载分离的思想，对软交换进行了更充分的网络解聚，网络结构更加清晰合理。网络各个层次的不断解聚是电信网络发展的总体趋势。网络的解聚使得垂直业务模式被打破，有利于业务的发展。另外，不同类型网络的解聚也为网络在不同层次上的重新聚合创造了条件。这种重新聚合，就是网络融合的过程。利用 IMS 实现对固定接入和移动接入的统一核心控制，主要是因为 IMS 具有以下特点。

① 与接入无关性：虽然 3GPP IMS 是为移动网络设计的，NGN 是为固定 x 数字用户线（x Digital Subscriber Line，xDSL）宽带接入设计的，但它们采用的 IMS 网络技术可以做到与接入无关，因而能确保对 FMC 的支持，从理论上可以实现不论用户使用什么设备、在何地接入 IMS 网络，都可以使用归属地的业务。

② 统一的业务触发机制：IMS 核心控制部分不实现具体业务，所有的业务（包括传统概念上的补充业务）都由业务应用平台来实现，IMS 核心控制只根据初始过滤规则进行业务触发，这样消除了核心控制相关功能实体和业务之间的绑定关系，无论固定接入还是移动接入都可以使用 IMS 中定义的业务触发机制实现统一触发。

③ 在移动通信环境中应用更成熟：IMS 充分考虑了运营商实际运营的需求，在网络框架、QoS、安全、计费及与其他网络的互通方面都制定了相关规范。

④ 基于 SIP 的会话机制：IMS 的核心功能实体是呼叫会话控制功能，并向上层的服务平台提供标准的接口，使业务独立于呼叫控制。IMS 采用了基于 IETF 定义的 SIP 的会话控制能力，并进行了移动特性方面的扩展，实现了接入的独立性及 Internet 互操作的平滑性。IMS 网络的终端与网络都支持 SIP，SIP 成为 IMS 唯一的会话控制协议，这一特点实现了端到端的 SIP 信令互通，网络中不再需要支持多种不同的呼叫信令，使得网络的业务提供和发布具有更好的灵活性。

IMS 所具有的这些特征可以同时为移动用户和固定用户所共用，这就为同时支持固定和移动接入提供了技术基础，使得网络融合成为可能。

现在 IMS 已经成为通信业的焦点，电信运营商、电信设备提供商都对 IMS 进行了巨大的投入。此外，IMS 得到了计算机行业的支持，如 IBM、微软公司也正在进行 IMS 的研究。但由于 IMS 最初并未考虑到固定接入的需求，使得在规范上需要许多扩展，而由于多种固定接入方式的引入，整个网络的复杂度大大增加了，所以 IMS 需要同时考虑到多种固定和移动接入网络的特征，确保为各种终端提供服务，同时要避免和现网的机制发生冲突，这些都给标准的制定带来了难度。在 IMS 框架下，如何提供统一的业务平台，以及解决现有业务体系、运维体系、计费体系的关系等问题，也有待进一步探索和研究。

现有网络向 NGN 的过渡将是一个漫长的过程，在这个过程中，电路交换将逐渐褪去，软交换正在取代传统电路交换网，最终基于 IMS 的 NGN 将融合各种网络成为一个统一的平台，在此之前，电路交换网、软交换和 IMS 将采取互通的方式长期共存。

习题

1. 什么是 NGN？NGN 分为哪些层次，各实现什么功能？
2. 软交换有哪些功能？
3. IMS 的特点有哪些？
4. NGN 的发展趋势是什么？

［1］强世锦，朱里奇，黄艳华. 现代通信网概论［M］. 西安：西安电子科技大学出版社，2008.

［2］李文海，毛京丽，石方文. 数字通信原理［M］. 2 版. 北京：人民邮电出版社，2007.

［3］姬艳丽. 通信专业综合能力［M］. 北京：人民邮电出版社，2018.

［4］孙青华. 现代通信技术及应用［M］. 北京：高等教育出版社，2011.

［5］毛京丽. 通信专业实务传输与接入（有线）［M］. 北京：人民邮电出版社，2018.

［6］啜钢，王文博，常永宇. 移动通信原理与系统［M］. 3 版. 北京：北京邮电大学出版社，2015.

［7］魏红. 移动通信技术［M］. 3 版. 北京：人民邮电出版社，2015.

［8］沈庆国，邹仕祥，陈茂香. 现代通信网络［M］. 3 版. 北京：人民邮电出版社，2017.

［9］韩毅刚. 通信网技术基础［M］. 北京：人民邮电出版社，2017.

［10］张玉艳. 通信专业实务传输与接入（无线）［M］. 北京：人民邮电出版社，2018.

［11］樊昌信，曹丽娜. 通信原理［M］. 6 版. 北京：国防工业出版社，2007.

［12］秦国. 现代通信网概论［M］. 北京：人民邮电出版社，2009.